THE BOOK OF HUMANS

万物灵长

〔英〕亚当·卢瑟福 著

吴琰玺 译

南海出版公司

新经典文化股份有限公司
www.readinglife.com
出 品

目 录

导言

人类是一件多么了不得的杰作！哈姆雷特给予人类如此殊荣，又接着赞叹——

> 多么高贵的理性！多么伟大的力量！
>
> 多么优美的仪表！多么文雅的举动！
>
> 在行为上多么像一个天使！
>
> 在智慧上多么像一个天神！宇宙的精华！万物的灵长！ [①]

"万物的灵长"意即动物中的典范，这一头衔十分精妙。哈姆雷特认为我们人类有非凡的能力与无限的智识，这种想法也极有先见之明——称颂了人类相较于其他动物的优越性，同时承认人类也是动物中的一员。莎士比亚写下这些词句的 250 年后，达尔文以确凿的证据把人类归为动物的一种。生命之树在 40 亿年间历经曲折，不断生长分叉，衍生出 10 亿个物种，而人类不过是这棵

---

① 引自莎士比亚《哈姆雷特》，选用朱生豪译本。——译注

树上一根细细的枝桠。包括我们在内的所有的有机体共享一个起源，由同样的生命密码构成。组成这些生物的分子大同小异，生长的机制也并无差别，无非是基因、DNA、蛋白质、新陈代谢、自然选择和进化。

哈姆雷特在赞叹之余，以反问提出了人类的核心悖论：

这一个泥土塑成的生命算得了什么？

人类的确不同寻常，但也仅仅是一种物质；我们是动物，却像神一样行动。达尔文的描述和哈姆雷特有些相似，他宣称人类有"似神智慧"，但不应否认其"体格中仍具有下等起源永久不可抹除之标记"。[①]

"人是特殊的动物"这种想法根植于人类的自我认知。到底是什么能力和行为让人类的地位在进化中高于我们的表亲？是什么使我们成为动物，又是什么使我们成为它们的典范？所有的有机体都必有其独特之处，只有这样它们才能利用自己独特的环境并在其中生存。我们当然认为自己非同一般，但人类真的比其他动物更特别吗？

虽无法比肩哈姆雷特和达尔文，但还有一部现代文化作品向这种"人类例外主义"发起了挑战。它就是皮克斯工作室的超级

---

① 语出 1871 年达尔文著《人类原始及类择》，本书中相关译文选用 1939 年马君武译本。——译注

英雄动画片《超人总动员》。里面有一句台词："每个人都是特别的……这其实也就是在说没有人是特别的。"

人类本就是动物。我们的DNA构成与过去40亿年间的任何物种没有什么不同。就我们目前的研究看来，连DNA之内的编码系统也一模一样，这个系统由A（腺嘌呤）、C（胞嘧啶）、T（胸腺嘧啶）和G（鸟嘌呤）四种碱基组成。在细菌、倭黑猩猩、兰花、橡树、臭虫、藤壶、三角龙、霸王龙、老鹰、白鹭、酵母、黏菌和牛肝菌体内，这四种编码都是相同的。不仅如此，这些碱基在生物中的排列，以及合成蛋白质实现不同生物机能的方式，从根本上来说都一样。不同种类的细胞共同协作形成生命，这是科学界的共识[①]，而这些数不胜数的细胞从环境中获取能量的过程也大致相当。

生物学四大支柱的前三个是：普通遗传学、细胞学说和化学渗透。"化学渗透"是一个精准且优雅的妙词，指的是细胞代谢的基本过程，即细胞如何从周围环境中吸取能量以供生存。第四大支柱是自然选择。这些宏大的理论结合起来，揭示了一个无可争辩的事实：地球上的所有生命，包括我们人类，都有共同的祖先。

[①] 这种共识通常并不包括病毒，因为关于病毒是否算作生物的争论十分激烈。我自己也摇摆不定，有时候并不在乎，有时候认为就病毒活动的意图和实际目的而言，它们表现出了生物的特征。病毒没有细胞结构，不能自我繁殖，但在我看来这一点并不重要。没有任何生物体可以不依赖另一个生物体存在。病毒在进化中的作用是不可低估的，而且一直是生命延续的主要动力，这一点我将在下文讨论。

自存在以来的大部分时间里，地球一直是生命的家园，然而生命的进化极其缓慢。科学界一谈论时间动辄几万几亿年，这样大的时间尺度其实是人们难以理解的。人类是地球上的后来者，但也生存了 3000 多个世纪。我们穿越广阔的时间海洋，却没有多少变化，生理上与 20 万年前非洲的智人①并非截然不同。那时的我们已经具备能说话的生理结构，脑容量也和今天的人类没有明显差异。在非洲内部和向非洲外迁徙的过程中，为了适应环境和饮食的变化，我们的基因在很小的程度上做出了调整，而在 DNA 中占比微乎其微的基因变体只引起了人类表层上的一些差异，比如肤色和发质。如果你将一名 20 万年前的智人稍作收拾，理个发，换上 21 世纪的衣服，他们可以在当今世界上的任何城市遁形无踪。

　　我们从外表上看没有什么不同，但人类确实发生了非常深刻的变化。这种转变大概发生于 4.5 万年前，具体时间点仍有争议。许多科学家认为它发生得相当突然——在进化学术语中，"突然"意味着几百代更迭，几十个世纪，而不是电光石火的一瞬间。我们无法用语言清晰表述这种转变的时长，但能在考古记录中看到一些与现代人类相关的行为逐渐开始显现、积累，而在这之前，我们没有或者很少观察到这些行为。想想地球上生命存在的时间有多长吧，相对来说，这种转变似乎真的发生

———————————

① 最早的智人是在摩洛哥发现的，大约有 30 万年的历史，但他们有时被称为古人类，而不是解剖学意义上的现代人类。现代人类大约有 20 万年的历史。

4

在转瞬之间。

转变不在于我们的身体结构或生理机能，也不在于 DNA。转变发生在文化方面。用科学术语来说，文化泛指与某时某地相关的人工制品，包括工具、磨刀石、渔具、用于珠宝或装饰的颜料等。从遗留的物质文化中，我们可以推断出当时人类的行为。比如炉灶的考古遗迹显示了人类控制火及做饭的能力，也许还有围炉而坐、进行社交的能力。我们通过研究化石来拼凑出人类的长相，而通过对祖先用具的考证，我们甚至可以一窥史前人类的生活面貌及所处时间段。

大约 4 万年前，我们开始设计装饰用珠宝和乐器，为艺术赋予了丰富的象征符号，并且发明了新的武器和狩猎技术。之后的几千年，我们驯服了狼并让它们为我们寻找食物，之后狗—— 被驯服的狼—— 作为宠物融入了我们的生活。

这些行为频繁出现的时期有时被称为“大飞跃”。我们仿佛纵身一跃，进入了与今天相似的智力成熟的状态。有人说这是一场“认知革命”，但我不喜欢用这个词来描述一个持续了几千年或更久的过程，真正的“革命”应该是极其迅疾的。不管怎么说，现代行为在世界上好几个地方陆续出现，并且再也没有消失。我们开始制作复杂的小雕像，有写实的也有抽象的。我们用象牙雕刻出“四不像”，在洞穴的墙壁上画出狩猎场景和生活中重要的动物。据考证，智人最早的具象艺术作品是一个有 4 万年历史的狮头人身雕像（也称“狮子人”），高 31 厘米，材料是来自上个冰河时代的猛犸象牙。

在那之后不久，我们开始制作小型的女性"维纳斯雕像"。这些雕像的生理结构很夸张，往往身形丰腴，阴唇膨大，而头部奇小。依据这些特征，有研究人员认为它们可能是一种生育护身符，但我们还是无从知晓它们的特定目的或用处，也许是"为艺术而艺术"，也许只是玩具。无论目的为何，创造这样的雕塑都需要先见之明、高超技艺以及抽象思维的能力。"狮子人"存在于想象之中，而"维纳斯雕像"则展现出一种对人体有意的歪曲与抽象化表达。工匠需要反复实践方能精进手艺，所以这些雕像不可能突然凭空出现。到今天，这些美丽的艺术品已所剩无几，但在它们出现之前，一定有一个长期积累打磨的过程，其背后是工匠们世代相传的熟练技艺。

以上部分特征在完全过渡成现代行为之前就已经出现了，但它们转瞬即逝，然后从考古记录中消失。智人不是过去20万年中唯一存在的人类，也不是唯一拥有高度文明的人类。尼安德特人绝非传说中的野蛮人，只是普普通通的人类。大多数人误以为他们不过是能直立行走的猿，生活在荒蛮之地，语言简单，工具粗糙，灭亡似乎无可避免。其实尼安德特人有明显的现代行为痕迹：他们创造珠宝，采用复杂的狩猎技术，能使用工具，控制火，还能制作抽象的艺术品。我们必须承认，尼安德特人的发达程度和我们的智人直系祖先不相上下，因此智人的所谓"大飞跃"其实也没那么独特。传统观点认为尼安德特人是我们的表亲，但他们同时也是我们的祖先。最近有证据表明，智人和尼安德特人在50多万年前血统分化，在那个时期，两个群体在时间和空间上都分离了。但我们的智人祖先在大约8万年前离开非洲，进入欧洲和亚洲中部尼安德特人的领地。大约在5万年前，智人和尼安德特人开始融合。人类的身体多种多样，尼安德特人的外形与我们的智人祖先非常不同：尼安德特人下颌短小，胸部壮硕，眉毛粗重，面部刚硬。但差异没有大到让智人拒绝与他们发生关系的程度，于是物种围栏两边的女人和男人有了孩子。这件事情确实发生了，因为他们的骨头里有我们的基因，我们的活细胞里也有他们的基因。欧洲人携带的DNA中，有一小部分是从尼安德特人那里获得的。我们之前以为尼安德特人和智人是不同的人类物种，无法繁育后代，但目前的证据模糊了我们以为明确的界线。尽管在我们的基因中尼安德特人的DNA正在慢慢减少（原因尚不清楚），今天的人类仍然携带着他们的遗传基因。不仅如此，在我们的基因中还找到了另一种人类血统，即尼安德特人领地以东的丹尼索瓦人，也许还有其他尚未发现的祖先在我们的DNA中留下了独特的遗传印记。

当我们的智人祖先与尼安德特人相遇时，尼安德特人和其他人类物种在这个世界上的时间已经所剩无几，大约4万年前，智人成为最后的赢家。尼安德特人是否已经完全发展出我们在智人身上发现的现代行为？我们不知道，可能也永远不会知道。仅就目前的证据而言，穴居的尼安德特人在各方面都和我们现代人类十分相似。

　　智人存活下来，而尼安德特人灭绝了，但我们并不知道为什么智人比尼安德特人更具优势。当然，在足够广的时间范围内，所有的生命都注定要灭绝：97%以上曾经存在过的物种都已经消失了。尼安德特人在地球上生存的时间比我们智人累积至今的时间要长得多，而我们还不知道4万年前尼安德特人最终走向灭亡的具体原因。他们人数不多，也许更容易灭亡；或许他们不如我们聪明；又或许，智人在长期迁徙中对自身携带的疾病已经有了免疫力，这些疾病对尼安德特人却是致命的打击。也许他们只是自然而然地逐渐消失了。我们唯一知道的是在他们消失后，最终存活下来的人类开始全方位地显现出我们现代人类的特征，并延续至今。

　　可以肯定的是，智人的人口数量比其他关系亲近的人类物种都要大。智人前赴后继，高效地繁衍：如果你看重排名的话，我们在很多方面都是地球上占首位的生命形式。不过顺带一提，细菌的数量远超人类，你携带的细菌细胞远多于自身的人类细胞，细菌的存续时间也领先人类40亿年，且它们没有灭绝的危险。今天，地球上存活的人类超过70亿，比历史上任何时候都多，而且这个数字还在上升。借由智慧、科学和文化的发展，我们已经根除了许多疾病，大幅降低了婴儿死亡率，并将寿命延长了几十年。

　　哈姆雷特惊叹于我们的聪明才智，数千年来的科学家、哲学家和宗教学说也是如此。但知识的进步渐渐削弱了人类的特殊性。我们曾以为自己位于宇宙中心，哥白尼却把我们拉回到围绕着一颗普通恒星运转的行星。20世纪的天体物理学表明，太阳系不过是银河系数十亿星系中的普通一员，而银河系本身也只是宇宙中数十亿星系之一。我们认为地球是唯一可以孕育生命的星球，但自从1997年发现第一颗位于太阳引力范围之外的行星以来，我们了解到这样的行星在天穹之上数以千计。2018年4月，一颗新的卫星发射升空，它的任务就是寻找潜在的宜居行星。我们现在更好地掌握了化学物质转变为生物所需的条件，也了解了一颗无菌的石头在最初如何繁衍出生命。地球以外是否存在生命这个问题已经无须探究：如果宇宙中的其他地方没有生物，那才真的令人惊讶。至于地球以外何处有生命，还没有答案，目前我们所知的生命仅限于地球。但是了解得越多，我们就越清楚，人类可能并不像我们曾经认为的那样独特。

让我们把目光再次投向地球。达尔文的著述动摇了上帝造人的观念，使人类回归自然世界。他认为，人类也是动物，从其他动物进化而来，并坚定地认为我们是被生育而非创造出来的生物。当达尔文在1859年的《物种起源》中向世人展示他的伟大思想时，能够支撑"生物学四大支柱"的分子铁证还未面世。达尔文没有将人类的演化包含在《物种起源》中，只是狡黠地预告，由他论述的自然选择机制将很快揭示我们自己的起源。达尔文在1871年出版的《人类原始及类择》中周密而极富远见地探讨了人类的起源。他说，人类作为一种动物，就像地球历史上的一切有机体一样，经历了进化的过程。你，就是一种没有多少毛发的猿，是猿的后代，你的特征和行为都是经自然选择修正或者淘汰后的结果。

如此说来，我们并不特殊。和其他所有生物相比，人类进化的生物学基础及机制都十分相似。但颇具讽刺意味的是，正是由于进化，我们的认知能力得到极大提升，从而有了一种与自然界分离的感觉。进化的过程拓展和完善了人类的文化，使其复杂程度远超任何其他物种，因此，它让我们真切地觉得我们与众不同，是被特别创造出来的。

许多我们曾经认为是人类独有的东西已经不再独特。通过利用自然和发明技术，我们已经大大延展人类能够掌控的范围，但许多动物也会使用工具。我们已经能够区别对待性爱与繁殖，且性爱几乎是一种纯粹的享受，但同样，动物中很大一部分的性行为不会也不可能产生后代，即使科学家们不愿意承认动物有相似的感官享受。在人类这个物种中，同性恋的比例不小，虽然曾经（甚至在今天的许多地方）被斥为违背自然法则，是一种犯罪，而事实上，同性之间的性行为在大自然数以千计的动物族群中比比皆是。例如，在雄性长颈鹿的性接触中，同性之间的性行为很可能占多数。

我们的交流能力看似胜过其他所有动物，但这可能只是因为我们还不知道它们在说什么。我写这本书，你读这本书，这种程度的交流已经远远超过了我们能观测到的其他物种。这也许使我们与众不同，但螳螂虾完全不觉得这有什么好吹嘘的。它能看到16种不同波长的光，而我们只能看到3种[①]，对它们来说，这种能力比人类几千年来积累的所有文化和文化自信都有用得多。

不管怎么说吧，书这种东西能有效体现我们与其他所有野蛮动物之间的差距。它使数以千计的人所生产的信息得以共享，而这些人中几乎没有一个与我关系密切。我研究他们的想法，并将想法记录到常人难以想象有多复杂的载体中。如果有人拿起这本故事集，感到新鲜有趣，那么或许我们的思路都能更加开阔。

这是一本关于我们如何成为我们的悖论之书，它探索了人类的进化。原本普通的猿猴通过进化，收获了巨大的智识之力，创造了工具、艺术、音乐、科学和工程学。尽管很多东西仍有待发现，我们已经通过古老的残骸和如今的遗传学知识厘清了人类漫长进化过程中的许多原理。只是我们对于自身行为和思想的发展，以及如何有别于其他动物、演变成了今天的文化人和社会人，可以说知之甚少。

这本书同样有关动物，其中包含人类。人类是一个以自我为中心的物种，因此很难从其他动物身上照见自己和自己的行为。有时，动物与人类的特征的确有着共同的起源，但这并不常见。

---

① 或4种。目前学界开始认为部分女性拥有"四色视觉"，这意味着她们的光感受器更优秀，可以辨识出4种原色，而不是标准的三原色。这种新的原色位于绿色色域之内。

我将指出其他动物身上的相似特征（无论是否同源），来揭开人类自身行为的神秘面纱，并试图分清哪些是我们独有的，哪些是我们与进化过程中的表亲共享的，而哪些只是看起来相似但实际上并不相关的。几十万年前，人类已经掌握了石头、木棍和火的用法，本书将研究此类技术如何在人类及其他拥有一定技术水平的动物的进化过程中逐步演变。进化生物学家喜欢谈论性爱，所以我将深入这个话题：试图了解我们如何共享各种形式的性爱与繁殖，同时探讨动物界的性爱（它们并不总是简单直接地呈现出创造后代的生理需求，且拥有极具情趣的性生活）。本书赞美人类和自然界中的纷繁万象，但人类这种生物无疑能够做出一些不那么善良的行为并制造可怕的噩梦——暴力、战争、灭种、谋杀、强奸……人类的这些行为与残酷的自然界中经常出现（只是纪录片中没有展示）的色情与暴力行为有区别吗？在本书的最后一部分，我将深入探讨人类行为现代性演变背后的原因，即像今天的我们这样的人类如何诞生。我们的身体早就变成了现代人的模样，而我们的思想却到很晚才展现出现代性——这是个值得研究的谜题。

生物学家研究进化中的种种奇迹，有时是为了了解人类自己，但更多时候是为了了解地球上的芸芸众生。这本书是一道浮光掠影，让我们得以窥视所有生物史诗般的曲折旅程。毕竟，我们是唯一能够品鉴这段旅程的物种。

人类是一件多么了不得的杰作！

生物学四大支柱在过去的两个世纪经过反复证明，可以说无可撼动。在遗传学中应用自然选择法则，我们便能观察到生理机制如何影响细胞。而在历史学研究中，该法则同样有助于具象化生命的演变过程，从海底的不毛之地到这个星球的每一寸土地。对地球生命的研究看似基本完成，只差细节，但其中总存在巨大的漏洞，因此科学不会停止发展。自然界中的许多事物尚待发现，它们源源不断地震撼我们，无论是前所未有的新发现、新物种还是动物和其他生物身上的新特征。

就在我写完这本书的 2018 年，科学界又有了一些新发现，我已经把它们囊括在了书中。有些案例的细节有限，或者被观测到的情况不多；有些最新观测到的行为或特征并不普遍，可能是个例。有些案例可能可以推而广之到许多物种，甚至是所有的物种；还有一些，可能会推翻我们最初的设想。大多数动物都生活在不适宜人类居住，或者对于人类来说很陌生的环境中，并在我们看不到的地方度过一生；然而制作精良的纪录片会给我们一个看见它们的机会。这就是科学的本质："寻找的，就找到。"对于这些动物的研究极为重要，且很可能为我们人类的境况提供启示。

有些动物的行为看似与我们有着共同的进化起源，然而有些行为仅存于动物中，有利于生存竞争，且历经多轮进化。例如，昆虫、蝙蝠和鸟类都有翅膀，但它们取得飞行执照的历史各不相同。美国哲学家丹尼尔·丹尼特称类似"飞行"这样的行为为"好技巧",因为它们有用且反复出现。飞行作为一项好技巧,不仅在关系疏远的生物中反复进化,还在同一组生物中多次进化。这种进化方式十分高效:一旦为某个特征设计好蓝图,就可以在任何理想状况下按图索骥。在过去的几亿年里,昆虫的翅膀时有时无,经过了几十甚至几百次变化,以适应当下的环境,然而在如此漫长的时间里,翅膀的遗传机制基本不变。飞行极耗体力,所以仅为满足需求,在不需要的时候就会被抛弃,基因也归档封存——就好像夏天换季的时候,我们会把冬天的厚衣服收起来备用一样。

在自身进化过程的研究当中,有很多潜在的陷阱。正如我们不能随意地将功能上的相似归因于同源,我们不应臆断现代人类某种行为的成因与该行为初次出现时相同。溯源我们身体和行为的过程中有许多似是而非的迷思,有的几乎可以视作伪科学。我需要明确一点:所有的生命都是进化而来的,但这并不意味着,所有的行为都可以用进化论的中心思想(即进化是为了适应环境)来解释。许多行为(尤其在我们人类身上的那些)是进化的副产品,并不具有利于生存的特定功效。这种谬论在人类对性行为的认知中十分常见,我们将在本书中详细展开讨论。我们在动物身上观测到的性行为若等置于人类,其中一些与愉悦感有关,另一些则与暴力犯罪有关。无论某种解释看起来多么令人信服,我们仍需要事实和证据来建立或推翻科学结论。

每条进化之路都是独特的——所有的生物都相互关联,但每个生物的故事各异。不同的压力驱动各种选择，DNA 的随机变化则提供了进化、变异和选择的模板。进化是盲目的，变异是随机的，而选择是必然的。

激进的生理变化常常导致死亡，而进化是在一个保守的过程中反复试错。有些进化而来的特征非常有用，所以永远不会真正消失。视觉就是一个例子：能够在海洋中看到东西，显然为 5.4 亿年前首次获得视觉的生命体带来了巨大的优势—— 看到你想吃的东西，就可以向它们移动，看到想吃你的东西则可以游开。视觉在进化中一出现就迅速传播开来。从那时起，在所有能"看到"的生物中，光传导（即把光转化为视像）的遗传程序相同。与其相对，乌鸦和黑猩猩都会用弯曲的棍子从树皮上撬出肥硕的肉虫，但这种技能是两个物种各自进化出来的，在这一点上它们没有共同的遗传基础。总而言之，所有的能力都是进化出来的，但它们不一定有共同的起源。因此，解读那些看上去很熟悉的行为并找出相似与不同，对于理解人类自己的进化过程来说至关重要。

本书中对章节进行划分以便讨论，然而这些属性彼此依赖。它们在特定的环境中一步步出现：我们的大脑优化了，身体变化了，技能精进了，社交方式也不同了。我们点燃了火，耕种了土地，创作了神话，创造了神灵，驯养了动物。这一切加上信息和专业知识的流动，文化才得以开端。这些知识不由一个苹果——苹果是人类农业智慧的产物—— 所赋予，而是生活方式的产物。我们的人口规模不断扩大，血亲聚集成为社群，社群中又衍生出明确的分工：音乐家、艺术家、手艺人、猎人、厨师，专业人员各司其职。这些专家的智慧不断传递，现代性就这样在流动的思想中产生。我们可以积累文化并将其传授给他人，这是人类独特的一点。信息不仅通过 DNA 迭代，还能够往各个方向，向那些与我们没有血缘关系的人那里传递。我们记录知识和经验并与他人分享，正是在对他人的教授中、在文化的塑造中、在故事的讲述中，我们创造出今天的自己。

达尔文以他一贯的先见之明，表达了类似的观点：

> 主教孙雷此前曾主持唯人类能进步改良之说。人类能改良最大最速，非其他动物之所能比较，是故无辩论之余地；其主要原因在人类能言语，又能留与其既得之知识于后世。

至关重要的是，我们是唯一一个把自己放到光亮处进行拷问的物种："我是否独一无二？"矛盾的是，答案既是否定的，也是肯定的。

很久以前，我们不过是一种普通的动物；后来，我们认为自己是被单独创造出来的，异于其他生物；再后来，我们好像进入了一种量子态，即同时认可这两种说法。这本书将明确将我们界定为动物，同时揭示我们身上的非同寻常之处。

第一部分　人类与其他动物

工具

　　人类是善于利用技术的生物。"技术"一词在现代社会中具有特定的含义：我在电脑上写着这些文字，编辑窗口后面还开着由Wi-Fi连接的网页浏览器，这类电子设备和电子服务似乎就是当今技术的体现。科幻作家道格拉斯·亚当斯观察并得出人与技术互动的三条规则：

　　1. 你出生的时候，世界上的任何东西都是正常的、普通的，只是世界运行方式中一个自然的部分；

　　2. 在15岁到35岁之间，任何发明都是崭新的、令人兴奋的、革命性的，你可能会在其上发展自己的职业生涯；

　　3. 到35岁之后，任何发明都是违反自然规律的。

　　当然，媒体似乎一直对新技术持怀疑立场，老年人尤其担心年轻人，常常呼吁："救救孩子吧！"

这种担忧从古至今都有。公元前5世纪，苏格拉底抨击了一种颠覆性的新技术，认为它十分危险，并担心它会惯坏年轻人，他评论道：

> 学者的灵魂将被遗忘、侵蚀，因为他们不再调动自己的记忆……左耳进右耳出，什么也学不到；似乎全知全能，但头脑空空；虚有其表，令人烦闷。

使苏格拉底如此愤怒的技术，其实是写作。此后过了两千年，到16世纪，在多个学科领域内都颇有建树的瑞士科学家、语言学家康拉德·格斯纳对信息技术的另一项创新——印刷——也表达了类似的愤怒。

直到今天，我们仍然能听到类似的言论，换汤不换药。文化技术之所以萎靡不振，似乎都是因为我们与屏幕互动太多。无论在传统纸媒还是网络平台上，大家都在无休止地告诫年轻人不要长时间盯着屏幕，它可能造成潜在的伤害。近年来，从初级的犯罪到疯狂的杀戮，再到自闭症和精神分裂症，一切都被归因于看屏幕的时间太长。总体来说，这是一种草率的伪科学讨论，因为这个问题条件不清、定义不明。同样是五个小时，沉浸于电子游戏与看电子书的影响相同吗？游戏主题是暴力、解谜还是两者兼有会造成不同吗？如果电子书煽动暴力或教人制造武器呢？在影院看电影和与家人互动玩电子游戏一样吗？

这些问题涉及的数据还没有面世，目前为止的研究要么没有得出任何有力的结论，要么在某些方面存在缺陷。然而以上舆论至少触及了人们对于技术的顾虑：屏幕占据了我们太多时间，而我们本应在不依赖技术的情况下发挥创造力、发展文化或者表达自我。当然，画笔是一种技术工具，铅笔、削尖的棍子和粒子加速器也是。如果没有技术支持，我们无法做任何事情，无论是艺术、创意还是科学。你可能会认为唱歌、跳舞甚至某些形式的田径和游泳都没有直接依赖外部技术，可是我女儿在准备跳芭蕾的时候，会把头发高高挽起、喷发胶定型、剪掉被折磨得不成样子的脚指甲、穿上尖头芭蕾舞鞋。我看着她做这一套准备时总是不禁想，我们人类真是一种文化和存在都完全依赖于工具的动物！

那到底什么是工具？工具有不同的定义，下面一种出自一本关于动物行为的重要教科书：

> 工具由使用者从环境中获得，无论与使用者自身连接与否。使用者在体外使用该工具，使用中或使用前持有并直接操纵该工具，对该工具的正确使用和有效方向负责，目的是更有效地改变另一物件、生物或使用者本身的形态、位置或状况。[1]

---

[1] *Animal Tool Behavior: The Use and Manufacture of Tools by Animals* by Robert W. Shumaker, Kristina R. Walkup and Benjamin B. Beck (Johns Hopkins University Press, 2011).

这个定义很复杂，但是比较全面。有的定义对使用现成物品还是改造后的物品进行区分，认为应该称使用改造后的物品为"技术"。不管采用何种定义，工具的关键在于物品在动物身体以外，且能在该动物施加物理作用的过程中扩展其能力。

工具是我们文化中不可分割的一部分。我们有时候把文化进化与生物进化相对立，认为前者经由社会性的教育和传承而发展，而后者则是我们 DNA 编码的变化。但事实上，它们有着内在的紧密联系，因此最好将其当成整体，看作基因文化的共同进化。思想和技能在文化中的传播，首先需要生物体内部编码使其具有相应能力，二者相辅相成。生物发展促进文化，文化发展改变生物。

在电子手表发明前的几百万年里，我们曾经历一种义务性的技术文化。为了强调那时的人类对技术的投入，我们甚至在为其命名时也凸显了这一点。我们最早的表亲（也可能是祖先）之一被称为能人，从字面上看，"Homo habilis"意为"心灵手巧的人"。能人在距今 210 万至 150 万年前生活在东非。观察现存的几个能人标本，你会发现，比起 300 万年前的南方古猿人，能人的面部一般来说更加平坦，但仍然保留着南方古猿人一般的长手臂和小脑袋——它们的脑容量通常只有我们的一半。从外观上看，能人更接近"猿人"，而不是"人猿"。能人与身形更为优雅的直立人共存，更早之前可能是直立人的祖先，这也许说明能人这个种群在后期出现了分化。

我们给能人如此命名，主要是因为发掘能人标本时，周围也发掘出许多石器。一些研究人员认为，工具象征着智人属与其之前物种的分界，也就是说，工具的使用定义了人类。与能人有关的物品集中发掘于东非坦桑尼亚的奥杜威峡谷，所以此类工具被称为"奥杜威工具组"。学者们描述这套工具以及其使用方法时，用到了"石器剥片"这样的术语，意为将石头（通常是石英、玄武岩或黑曜石）制成特定形状并打磨边缘，使其更加锋利。许多考古学线索都是以碎石片的形式出现的，因为在敲打原石的过程中，废片被敲下来，制成的工具却遗失在了时间的长河中。黑曜石[①]是一种火成岩，这种天然玻璃由火山岩浆形成，边缘非常锋利，适合做成切割工具，甚至今天都有些外科医生（比起不锈钢刀片）更青睐黑曜石手术刀。

制作石器工具需要选择合适的石头及周密的计划，这证明了一种认知能力。你需要一块锤石、一个平台，以及一块在上面改造原材料的垫板。敲击的过程中需要明确的目的和一定的技巧，并要用到不同的工具。有些是重型工具，如奥杜威砍砸器，当时可能是作为斧头使用的。还有些是轻型工具，比如用于从皮上剔肉的刮削器，还有凿头扁而窄的雕刻器等其他工具，可用于雕刻木头。同样，整套工具的不同形态表明，那时人类的认知能力已经可以使其根据不同行动制造适合的工具。

---

① 地质学里有很多炫酷的名词，黑曜石是一种因流纹岩质的熔岩流边缘迅速冷却而形成的岩石，富含硅酸盐化合物长石和石英。

在动物慢慢向人类演进的脉络中，我们认定能人是最早的"人类"之一，而使用工具就是该定义的一部分。但是这种人为的分界在科学史上并不严谨，因为能人并不是第一种"心灵手巧的人"。在奥杜威以北 1000 公里处，位于图尔卡纳湖西岸的洛梅克维是早期人类的另一个关键地点。1998 年，这里发掘出了一具标本，被命名为"肯尼亚平脸人"①。这是一种普通的早期类人猿，有些学者认为他们与南方古猿非常相像，可以归为同一物种。我不确定此处的分类有多重要，因为科学上的分类定义在类似的边界处有些模糊，而且标本很少，故只能做假设—— 我们已经发掘出 300 多个南方古猿个体的碎片，但只发掘出一具肯尼亚平脸人标本。

2015 年，纽约石溪大学的一个研究小组在洛梅克维走错了路，偶然发现了地表上散落的石器废片，以及下意识制造工具的迹象。进一步挖掘后，研究人员发现了更多的碎片和制成的工具。通过发掘地点的泥土测定年代并不容易，但这一次，因为我们发现了

---

① 历史上许多物种的英语名称用到了"man"一词，如"Neanderthal man"（尼安德特人）、"Cro Magnon Man"（克罗马格农人）等。这是一种不严谨的用法，因为"man"的本意是"男人"，这种命名法没有包括女性，非常不妥，但它很容易纠正，在英语中大家常常可以把"man"替换为"human"，即"人类"，这样既简单又具包容性。然而，我们在英文中随意称呼"肯尼亚平脸人"为"flat-faced Kenyan man"，这里的"man"却不能替换为"human"。因为"human"特指"智人（Homo）属"，而"肯尼亚平脸人"不在"智人"之列。"肯尼亚平脸人"的学名是"Kenyanthropus platyops"，其中的"anthropus"词根在希腊语中字面意思是"man"（表示人或男人），但在科学命名中意味着"有人类属性"，为"人族"，其中包括智人，即人类，以及南方古猿。

火山灰层，又有磁极反转 ① 作为线索，能够做出较准确的年代推测：在这里发现的工具并不像奥杜威工具组那样复杂，但要比它们早 330 万年。有两块经过敲击的石片甚至可以互相吻合，实在令人震撼。想象一下，一个似猿似人的动物就坐在那里，敲着一块石头，心里清楚应该把它制成何种样式。也许它对敲出的样子不满意，就把两半都丢弃了，转而去找别的石头。也许它被掠食者吓跑了。就这样，这些石片不受干扰地在此处沉睡了 300 多万年。

我们不知道坐在那里制作这些工具的是什么"人"，不过能肯定的是，那是一种早于智人属（即人类）起源 70 万年的生物，也许正是肯尼亚平脸人。现在，奥杜威工具组已经在非洲各地被发掘，包括肯尼亚图尔卡纳湖东侧的库比福拉、南非的斯瓦特科兰斯以及斯泰克方丹，这些遗址保有人类存在的其他重要证据。在距离南非更远的地方，如法国、保加利亚、俄罗斯和西班牙，此类工具也陆续出土。2018 年 7 月，中国发掘出了迄今为止在非洲以外发现的最古老的工具。这种石器技术被使用的时间范围极大，可能超过一百万年。

在人类技术历史的解读过程中，奥杜威工具组被一套更复杂的

---

① 地球的两个磁极不断移动，在我们星球的历史上已经翻转了很多次。我们不确定原因，也无法预测它们何时会翻转。这种变化在数千年的时间里缓慢发生，对于已知的南北磁极颠倒的时间，我们还没有总结规律。但是这些反转的现象被记录在岩石碎片中，对确定岩石形成的时间很有帮助。目前，北极正以每年约几十公里的速度向南移动，不过不用担心，这样的移动速度还不会对人类或利用地球磁极导航的迁徙动物造成明显影响。

新工具取代了。1859 年，在东非近万公里外，法国北部城市亚眠市郊的圣阿舍利发掘出大批斧头，整个人类历史上最普遍的标准化产业由此出现。其实在更早的 18 世纪末，英国萨福克郡附近的迪斯小镇也有类似的工具出土，它们现在都被归入阿舍利工具组。

阿舍利手斧比之前的奥杜威工具工艺更精，通常呈水滴形，尖角锋利，并被加工成两边有刃的扁平刀片。它们也更大，刀刃宽约 20 厘米，而典型的奥杜威刀刃长度只有 5 厘米。阿舍利手斧代表了更高的协调认知能力。制作这样的工具或武器需要熟练的手眼协调力，以及更强的预见性和计划性。石片的剥落发生在多个阶段，最开始要修整出大概的形状，然后再通过精细的石器剥片将刀片削薄磨尖。下次到满是碎石的海滩上，捡两块石头试一试吧。这是一个熟能生巧的过程，你会发现一开始并不容易，敲击的位置或力度稍有不慎，石头就会碎裂，当心你的手指也遭此下场！

随着进化时间的推移，早期人类的脑容量越来越大，制作的刀片也越来越对称。这些工具分布在世界各地，且跨越物种。前面说到，阿舍利工具取代了奥杜威工具，而截至 2015 年，最古老的阿舍利工具正是在奥杜威技术的发源地（奥杜威峡谷）被发掘，在欧洲和亚洲各地也有出土。不仅是直立人，其他早期人类如匠人、尼安德特人和最初的智人也制作过这样的刀片。这些刀片原本作为矛头使用，可用于打猎、屠宰、刮骨剔肉和在骨头上雕刻。但一些研究人员认为它们有时还有其他功能，比如作为仪式用品，甚至作为货币用于交易。

阿舍利工具是人类历史上占主导地位的工具形式。随着时间推移，这些刀片有细微的改进，但令人惊叹的是，它们的形态到如今基本没有变化。比起阿舍利工具，今天的人们更常用电话、汽车、眼镜或者杯子，但就使用寿命而言，阿舍利时代的工具完胜。历史上这段时期正以这种石器技术命名。旧石器时代的范围是距今 260 万年前到 1 万年前。以"旧石器"命名整个时代也许稍微名不符实，因为石头只是工具，而被加工出来的大部分东西可能是木头和骨头。

几十年前，我们认为能制作和使用工具才能被归为"人属"，但我们现在知道，不在此列的早期猿类也会使用石制工具。因此，现在的结论是，历史上工具的使用并不仅限于人类。现今的例子可以证实这一点，后文我们会说到非人类动物如何使用工具。这些动物使用的技术材料往往不是石头，而是从树上得来的。早期人类可能也使用木头作为工具，只是木头会降解，因此我们只有零散的史前木制工具的实物遗迹，比如在意大利北部托斯卡纳的一处遗址发现的古代木制品。它们是黄杨木的残片，大约有 17 万年的历史，与阿舍利石器、已灭绝的直牙大象的骨头散落在一起。在英国埃塞克斯郡的一个海边小镇克拉克顿，以及另外几处遗址，我们还发现了一些长矛。这些托斯卡纳木制品可能是多用途的木棒，局部有用火加工过的证据。坚硬的黄杨木棍上，树皮被石铲磨掉了，不称手的纤维或木结也被烧平了。是谁制作了这些长矛和挖土棒？从时间和地点上看，这是尼安德特人的作品。

这样的木制工具在那个时期尤其少。因此我们按照惯例，根据现有的证据命名不同的时代：在旧石器时代之后是长达5000年的中石器时代，然后是新石器时代，石器时代到此为止。

旧石器时代包括了奥杜威和阿舍利工具组的出现和发展，加起来占人类技术史时长的95%以上。两种工具各在历史上存续了一百多万年，之间有明显的形态转变，但在自身体系内部没有大的变动。石器工具在发展方面没有出现"大飞跃"。在此期间，人类在世界各地迁移，一直到达印度尼西亚，并遍布欧洲和亚洲。我们能看到人类在身体构造、物种分化和全球分布等方面慢慢发生了变化，但这类石器技术仍然保留了其可辨识性。

值得注意的是，洛梅克维工具的制造者生活于距今330万年前，而比那还要早400万年的时候，人类已经踏上了自己的进化之路，离开了黑猩猩、倭黑猩猩和其他类人猿的进化分支。它们今天也都会使用工具，具体的例子将在下文谈到。我们还不确定的是，工具的使用在文化中是否具有延续性。随着时间的推移，人类持续积累知识和技能，并传递下去，大体上不会失去这些获得的能力。我们通常不必一次又一次地发明同样的技术。问题是，从那次分化以来，是所有的类人猿都在不间断地使用工具，还是工具被多次遗忘又重新发明？这一点我们目前还不清楚，而且可能无法知道答案了，因为我们没有看到其他类人猿制作石器的证据。即使它们确实使用了木制工具，也没有化石记录。如前文所述，那些将进化成人类的猿类，和那些将进化成大猩猩、黑猩猩和红毛猩猩的猿类走上了不同的道路，基本的奥杜威技术出现在从分化到人类成为真正的人类之间。在此过程中，人类的祖先进化出为特定目的有意识操纵外物的能力，超越了包括其他大型猿在内的所有动物。

如何成为制造者

如果我们把技术发展视为人类进化"大飞跃"的一部分，我们和其他类人猿之间的差异度就很重要。制作工具需要预见性和想象力，并要能将其转化为精细的动作操控。这个过程既需要大量脑力劳动又需要身体的灵巧性。谈论技术的发展，大脑和身体缺一不可。单说我们的手就非常复杂。机器通过模拟人类不需要太多思考就能做出的动作，演算出正常的人手有二十多接近三十个自由度。韩国音乐家郑京和演奏布鲁赫第一小提琴协奏曲时，手指的动作精准灵巧，令人着迷。澳大利亚运动员谢恩·沃恩投出了离奇的旋转板球，落地时几乎转了九十度，骗过了世界上最好的击球手。运用手指、手掌和手腕的肌肉施展这样的魔法，需要大量的神经系统运算，不仅仅操控动作，更要在做出动作之前就有意图。

我们有异常庞大的大脑，层层叠叠遍布褶皱，这意味着人类大脑细胞间的连接密度非常高，与现代行为相关的大脑皮层表面积更大。有许多指标可以应用于大脑，逐一分析，你会发现我们的数值大多排在接近顶端的位置，尽管并非首位。

在动物界，一般来说身形越大，脑容量越大，因此人类的脑容量并非最大。蓝鲸可能是史上最大的动物，比它体形小的抹香鲸却拥有最重的大脑，达八千克。在陆地上，脑容量的冠军是非洲象。就神经元的数量而言，非洲象也名列前茅，达2500亿，约为人类的三倍。我们排在第二位，约有860亿个神经元。为做对比，我们可以看看秀丽隐杆线虫。它深受生物学家喜爱，从受精卵到成虫的整个过程中，我们对它体内每一个细胞的变化都了如指掌。秀丽隐杆线虫的神经系统由302个细胞组成，看似很少，不过可别小看它：它的基因数量和我们差不多，但总体来说比人类强大；种族数量上超过我们，而且能在各种极端条件下存活，就进化的寿命而言比人类长几十亿年。

哺乳动物的大脑皮层十分关键，因为它掌管思维和复杂行为，但我们在此处的排名也是第二名。第一名是长肢领航鲸，它们大脑皮层的细胞数量是我们的两倍以上。在这个指标上，非洲象的排名已经降到了所有类人猿、四种鲸鱼、一种海豹和一种鼠海豚之下。

我们在这些科普小游戏中对比的是同一部位的绝对值，这种方法并不正确，毕竟，女性的平均体形小于男性，按比例女性的大脑也较小，但在认知能力或行为方面绝对没有可量化的差异，这一点如何强调都不为过。因此，在建立比较脑力的神经学基础时，大脑与身体的质量比是更有用的标准。

亚里士多德认为，以这个标准，我们人类是最棒的。他在其题为《论动物部分》的著作中说："在所有动物中，人类的大脑按与其体形的比例来看是最大的。"亚里士多德是一位伟大的科学家，更是位有名的哲学家，但他在这方面并不完全正确。我们又一次接近胜利，但没能拔得头筹，蚂蚁和鼩鼱把我们打败了。1871年，一位比亚里士多德更出色的科学家解决了这个问题，他就是我们多次引用的达尔文。在《人类原始及类择》中，他说：

> 可以肯定，动物在神经物质极少的情况下，也可能有非凡的精神活动：众所周知，蚂蚁拥有奇妙多样的直觉、强大的精神和充沛的情感，但它们的脑神经节还不及针头的四分之一大。由此看来，蚂蚁的大脑是世界上最神奇的微小物质之一，也许比人的大脑更为神奇。

大脑约占我们身体总质量的四十分之一。这个比例与小鼠相差无几，而比大象高得多，大象的比例约为1∶560。大脑与身体质量最低比例的纪录由形似鳗鱼的大棘鼬鱼保持。这已经够羞耻了，它的英文俗称更令人脸红，叫"骨耳屁股鱼"。

20世纪60年代，我们发明了一种更复杂的脑力计算方法，即脑化指数（EQ），可以算出真实脑容量和（基于生物体积的）预期脑容量的比值。据此为动物排名会更加契合对其行为复杂性的观察，因为大脑不会随着身体大小或行为的复杂性而随意缩放。通过这种方式，我们希望能更好地了解大脑在多大程度上参与了认知功能。衡量脑化指数只对哺乳动物真正有效，而且，人类终于名列前茅了。排在我们后面的是各种海豚，然后是虎鲸、黑猩猩和猕猴。

问题是，更大的大脑并不一定意味着有更多脑细胞。细胞密度仅仅是认知生理学的一个方面，我们的大脑由无数种细胞组成，且都很重要。一则流传甚广的迷思是，我们无论何时都只使用10%的大脑，背后隐含的想法是："如果我们把大脑全部用上，能取得怎样的成就啊！"[1]事实上，我们正使用着全部大脑，只不过并非以同样的强度无止尽地使用，并没有一大片未经使用的大脑硬盘区懒散地等着接收刺激。各种类型的细胞以我们尚不了解的方式连接，从而决定了我们思想和行为的复杂程度，细胞密度也不是决定认知处理能力的唯一或关键性因素。2007年的一项研究降低了脑化指数的可靠性：研究发现，如果把人类排除在外，绝对脑容量能更好地预测认知能力，而大脑皮层的相对面积并不重要。

正如生物学的其他许多领域一样，大脑、工具和智力之间的关系并没有一概而论的答案。我们的话题涉及最为棘手的几个研究领域：神经科学相对较新，尤其在了解特定脑细胞与思想行为

---

[1] "假设人的大脑潜能被100%开发，将会如何？"是2014年电影《超体》中摩根·弗里曼的台词，以他一贯的形象说出这句话显得分外庄重。斯嘉丽·约翰逊是名副其实的大女主，她通过药物开发了剩下90%的大脑，并获得了心灵感应、隔空移物的能力，还神奇地遇到了与她同样名为 Lucy 的南方古猿，甚至见证了宇宙大爆炸。这是一个科学盲天马行空的幻想，不过也正是由于这个原因，强烈推荐。

的关系方面；行为心理学和伦理学则非常困难，因为在人身上做实验时要考虑伦理限制，我们对自然界的观察又有其固有的限制。

大脑的大小、密度、与身体质量的比例，神经元的数量——这些因素都很重要，但都不足以把人类奉上智力的神坛。这话听上去批判性极强，其实是我不愿过度依赖其中任何一种指标并将其作为衡量智力的黄金标准。大脑显然对行为的复杂性至关重要，但无论我们以何种方式来衡量，这都不全是大脑的问题。进化是在环境压力下发生的，而绝不是所有动物都注定要向人类的复杂性看齐。比如长肢领航鲸，它们大脑发达、新皮质密集，但它们没有手指，所以永远不可能发明小提琴。

从这个意义上来说，人类得以发展出工匠式的工具制造技能，一部分原因是运气。出于我们所处的环境和进化的方向，自然选择会青睐、培养和发展大脑和手的灵活性，进化很长一段时间之后，我们才能制作和演奏小提琴。事实证明，有几十种动物都能使用工具和技术，但我们很快就会在下文看到，只有人类达到了如此自然而灵巧的程度。思维能力、大脑和手的共同进化，使人类能够使用棍子、敲击石头、打磨石片，长期的缓慢发展后能够雕刻雕像，制作乐器甚至武器，然后开发越来越多的资源。尽管有些动物拥有像人类一般复杂的大脑，数百万年来，没有任何动物能接近人类制作和使用工具的水准。

工具武装动物

事实上几乎所有动物都不会使用技术，能够使用工具的动物在所有物种中只占不到1%。能利用外部物体扩展自身能力的动物的绝对数量很少，但多样性很高，来自不同的类群。九类动物有工具使用的记录：海胆、昆虫、蜘蛛、蟹、蜗牛、章鱼、鱼、鸟和哺乳动物。

我们在上文定义过"工具"，它是由使用者操纵的、有目的地延伸其身体的外部物体。那么这1%的动物如何用技术延伸自我？下面你会看到一些激动人心的例子。

食物加工

许多动物利用技术获取食物，或将食物处理得更为可口。最常见的行为是用石头将食物的外壳敲碎或撬开。猕猴喜欢吃螃蟹和各种双壳软体动物，它们会用石头敲开硬壳，还能根据食物的类型选择特定的石头。海獭也会这样做，它们在水上仰面漂浮，用自己的肚子当砧板。卷尾猴、黑猩猩、山魈（彩面狒狒）和其他灵长类动物能用石头敲碎坚果，有些还会用尖头棍子把可食用的部分从果壳里撬出来。几内亚黑猩猩会用石头把非洲面包树的果实砸开并切碎。要知道，这种果实有足球那么大，又很坚硬，并不容易打开。

棍子是许多物种最常用的技术工具，可捅可抠，可撬可刮，能挖能拖还能探。简·古道尔是灵长类动物伦理学的奠基人，在东非坦桑尼亚的贡贝国家公园管理一个野外工作站已经超过50年了，她在那里首次观察到黑猩猩改动棍子，随后用于食物加工——钓白蚁。黑猩猩名叫大卫·格雷伯德（直译为"灰胡子"）。古道尔在1960年看到它把一根树枝剥了皮伸入白蚁堆。她很奇怪，就自己试了一下，发现这样做白蚁会粘到树枝上。灰胡子先生就是这样把白蚁钓上来美餐一顿。黑猩猩还用棍子把蜂蜜从蜂箱里捅出来，并赶走要保卫家园和幼虫的愤怒蜂群。

红毛猩猩喜欢吃鱼，似乎也喜欢钓鱼。它们有时会从河边捡拾死鱼，有时会在河滩上用棍子戳鱼，鱼一跃而起，被红毛猩猩逮个正着。有人还看到它们用磨尖的棍子刺池塘里的鱼，但据观察到的情况来看，并没有成功。如果这是它们对人类行为的模仿，就是文化特征不仅在个体间传递、也在不同物种的个体间传递的一个例子。

水深探测

红毛猩猩和刚果大猩猩都生活在茂密的森林中，经常需要穿过附近的池塘或溪流。在类人猿中，只有人类是习惯性双足动物，换言之，我们只用后肢行走。其他存活的类人猿都是习惯性四足动物，用指背行走，也能使用双脚，但行走时间无法太长，这姿势对它们来说不舒服。四条腿蹚水并不容易，因为头可能淹没到水面以下，而且水底既看不清又不平坦，很可能有危险。因此红毛猩猩和大猩猩都会选择合适的棍子，测试水深和水底的起伏，以此规划涉水路径。大猩猩还会在穿越水底高低不平的池塘和溪流时，用棍子当手杖来支撑身体。

一般用途

叶子和棍子一样重要。红毛猩猩似乎更喜欢带叶子的树枝，它们把叶子当手套去拿有刺的果子，下雨时则用作帽子，垫在有刺的树枝上当坐垫，还会用叶子和树枝来自慰。大猩猩在打架前会挥舞树枝，试图吓退对手。黑猩猩把层层叠叠的树叶当作海绵，用来喝水。大象会小心地用鼻子从树上拔下枝条来驱赶苍蝇。棕熊会在换毛期用布满粗砺藤壶的岩石摩擦身体，像人类护肤时去角质一样。简单来说，这些都是动物主动利用环境来扩展自身能力的例子。动物们找到这些物件之后无论进行改造还是直接使用，都可算作工具。

会用海绵的海豚

大家都知道海豚有多聪明，会特技，还会救人，我们都对它们助人的天性津津乐道。在上文提到的所有神经科学指标中，鲸类动物，尤其是海豚的得分非常高。但是，尽管它们脑容量很大，有复杂的社会行为和沟通技巧，甚至还会颇费周章进行并不愉快的性行为（这一点我们很快就会谈到），再聪明的海豚也只能用鳍使用工具。

至今存活的海豚近 40 种，它们的胸鳍与人手非常相似，骨骼结构几乎完全一样，马前腿、蝙蝠翅膀的骨骼结构也是如此。这清楚地表明我们作为哺乳动物，在不久的过去有共同的祖先[①]。海豚的胸鳍没有肌肉组织，所以灵巧性不同于人手。尽管有同样的

[①] 鲸类的进化令人兴奋，据我们所知是最全面的进化轨迹之一。约 5000 万年前，鲸鱼、海豚和其他水生哺乳动物从偶蹄类动物分化出来，走上了自己的进化之路。这意味着与鲸鱼关系最密切的陆生动物居然是河马。

指骨位于其中，但它们的胸鳍呈平坦的桨形，除了在水中前后拍打推动就没别的作用了。诚然，这样的鳍使它们泳技高超，但使用工具时往往需要夹住外部物体才可以操纵。出于鳍的限制，海豚、鲸鱼、鼠海豚和其他鲸类动物都不擅长使用工具。

这再次提醒我们，脑容量大是必要的，但并不足以推动一个物种走向技术的高峰。人类以手和大脑为优势，黑猩猩可以用手、牙齿和嘴唇来制作棍子，相比之下，鲸类对下颚的肌肉控制力不高，而且没有手。关于高智商、脑容量大的哺乳动物使用工具的例子来自澳大利亚，迄今为止只有一例，但依然令人惊叹，意义非凡。

瓶鼻海豚做了一件十分不寻常的事：它们将另一种动物作为工具。海绵是基底后生动物，意即它们是动物界中最简单的动物之一，没有神经系统，也没有脑细胞。鲨鱼湾的瓶鼻海豚中有五分之三会把海绵顶在嘴上。研究人员认为，它们这样做是为了保护嘴——严格说来应该称为"吻"。觅食带刺的海胆、螃蟹和其他藏在粗砺海底的生物时，它们会特别选择圆锥形的海绵，这样的海绵能更牢固、更舒服地包在吻上。一只动物利用第二只动物来吃第三只动物，多有意思！

因此，即使同属一个海豚群，用海绵的海豚和不用海绵的海豚的饮食也会有巨大的差异。二者都在同一区域觅食，所以这种差异并非由生态因素造成，这就好像它们去吃同一家自助餐，但因为使用餐具的不同而选择了不同的食物。

这些海豚如何利用海绵以及如何选择食物只是冰山一角。还有更奇特之处：绝大多数会用海绵的海豚都是雌性。它们与不会用海绵的雄性海豚交配后，后代中的雌性也会使用海绵。

如前所述，动物行为会在生物学上遗传，也会通过学习进行文化传播。有些行为是在 DNA 中编码的，有些是后天习得的，但仍然不会超出该特征发展的遗传和生理框架。自 20 世纪 80 年代以来，科学家们一直在研究这群海豚。他们从会用海绵的海豚身上取下活体组织，研究是否有相关的遗传基础，结果是没有。海豚使用海绵的行为似乎并未在 DNA 中编码，完全是通过学习获得的。在 DNA 取样研究中，科学家们还可以确定海豚之间的亲缘关系，其中也发现了有趣的事情。使用海绵的技术似乎源于 180 年（即两三代）前的一只雌性海豚。我们现在把这个工具的创造者称为"海绵夏娃"。研究这群海豚的亲缘关系和海绵技术的传播路径，我们就能发现这一技术不是通过遗传获得的。女儿向母亲学习使用海绵，意味着这种工具的使用产生了文化传播，是鲸类中的首例。

海豚使用海绵是一种文化适应行为，但也为进化学提出了一个难题。会用海绵的海豚似乎没有更高的繁殖率，表明这种行为既没有为它们带来巨大的利益，也没有使它们付出代价。话又说回来，在动物使用工具的案例中，几乎都不评估使用某工具对其繁殖能力的影响，而这正是进化生物学的关键思想——自然更倾向选择可以增加后代数量和存活率的特征。20 世纪上半叶，通过对自然界的观察和严格的数学分析，达尔文的理论才被正式承认。有人说"长颈鹿有长脖子，是因为更长的脖子能让它们吃到更高处的树叶"（见本书第 109 页"同性恋"一节），这样的说法如今已不足为据了。我们应该观察某种潜在的优势如何代代相传，是否向前发展并更广泛地出现，如此才能真正研究和描述这种优势。据我所知，在工具的使用方面，这种标准的进化学测试还很缺乏。

在人类的进化中，文化传播是一个极其重要的概念。人类之外，文化传播已经在海豚、某些鸟类和某些猿类中被观测到。生物进化和文化进化之间有一个人为的界定，即生物进化往往意味着基因传承，而文化进化则意味着向别人或自行习得。人的本能知道布满真菌的食物可能有害，而习得的认知是由青霉菌发酵得来的蓝纹奶酪很美味。这两个方面不是彼此孤立的，因为习得的行为必须建立在能够获得和处理这种知识的生物基础之上，即动物需要一定的脑容量来接受习得的指令并采取行动。

文化传播还需要创新，但这并不多见。我们很快就会谈到人类如何在这一领域大放异彩。

聪明的鸟类

请注意，上文的例子几乎都是哺乳动物，其中大部分是灵长类动物。与其他脊椎动物相比，哺乳动物的脑容量更大，尤其是前脑。前脑中的很多结构与哺乳动物的复杂行为相关，非常特别。我们前文已经说过，尺寸并不代表一切。我曾解剖过很多猪脑，猪被认为是一种聪明而具社会性的动物，但它们的脑容量相对较小，脑子只有李子那么大，包裹在几厘米厚的颅骨里。如果一种动物像猪一样，此生大部分时间都在用头拱撞东西，那么坚固的头骨必不可少。

金刚鹦鹉的大脑约有小核桃那么大，这对鸟类来说已经很大了。鸟类是兽脚亚目恐龙的后裔，这一类恐龙包括威猛的霸王龙、更凶猛的南方巨兽龙，以及外形更像鸟类的古翼龙。研究人员认为鸟类就是鸟形的恐龙。6600万年前，陨石落在现今的墨西哥海岸后，小型哺乳动物和鸟类实现了大规模的多样化，并为大型恐龙鸣起了丧钟。目前鸟类约有9000个物种，几乎是哺乳动物物种数量的两倍。在如此大的鸟类群体中，存在巨大的多样性：最小的是蜂鸟，重量与半茶匙糖差不多，最大的是鸵鸟。马达加斯加的象鸟甚至更大，高达三米，重达半吨，但它在一千年前就被人类吃到灭绝了。如今，所有的鸟类都身披羽毛，没有牙齿，产硬壳蛋。

谈到认知行为，研究者的目光历来都集中在与人类更亲近的动物身上，所以对灵长类、鲸类和象类的研究数不胜数。但最近，学者却转而开始研究鸦科动物和鹦鹉，这是有原因的：在社会技能和工具使用方面，乌鸦、秃鼻鸦和渡鸦似乎领先它们的大多数同类（猛禽类则自有一套妙技，我们将在下一篇讨论）。

新喀鸦是鸟类技术的王者。众所周知，它们不仅能用棍子从木头和腐烂的树皮中撬出蠕虫，还能自己制作这样的棍子。制作棍子的过程在实验室环境中和在野外都有记录，它们会将一根十厘米左右长的树枝修除侧芽，修整得笔直，再用它四处寻找食物。人工饲养的乌鸦即使从未见过这种行为也同样会制作和使用棍子，这是一种本能。对它们来说，钩子比尖头的棍子更有用。这些乌鸦会制造并使用钩状工具钓出肥大的蠕虫，并用钩子把它们运走。在实验中，如果把长棍放在乌鸦看得到摸不着的地方，它们就会用短棍先把长棍捞过来，再用长棍取食。在非人类动物中，使用工具运走物体，或者通过一个工具（元工具）获得另一个工具几乎闻所未闻。这显示出一种惊人的类比推理水平，即它们能够提前几步思考："长棍可以用来取食，那么可以先用短棍来获取长棍吗？"

我在上文提到，目前学界对工具使用的进化收益缺乏全面的量化评估，但2018年的一项对新喀鸦的研究发现了一些有用的数据。实验为使用钩状工具的乌鸦计时，看它们能以多快的速度从一个小洞里捞出蠕虫，或从一个大洞里捞出蜘蛛。当乌鸦使用带钩的棍子时，取回虫子的速度比使用直棍时快九倍。我们无法直接衡量生殖方面的成功率，但高效觅食恰恰会对交配产生非常积极的影响，因为这样一来，动物可以有更多的时间觅食，获得更多的食物，从而成为更健康、更有吸引力的潜在配偶。

鱼钩是一项重要的革新技术，任何一个捕鱼者都会认可这一点。猩猩能用手，甚至用简单的直矛捕鱼，但钩子比直矛更适合捕猎。也许这就是为什么旧石器时代的人类选择捕鱼，而不仅仅是四处搜罗。在南非的布隆伯斯洞穴中，我们找到了丰富的早期人类文化遗迹。当时的人类已经开始利用海岸的产物。遗迹包括几十个精心穿孔的织纹螺，也许是项链的部件，这可能是最早的饰品了。海岸还为我们提供了丰富的可食用生物。那时的人类吃的是固着海产，也就是那些难以移动的动物，比如无法游走的软体动物。捡拾和捕猎所获取的食物完全不同。我们所知的最早的鱼钩在日本冲绳岛被发现，制作于约23000年前，是用一种钟螺的平底精心磨制出来的。在我们找到的两例中，一例几乎保存完美，呈新月形，经过磨制的边缘依然锋利。这些人类最早的鱼钩展现了成熟的技术，也是人类发展史上的重大发现：除了大家熟知的功能外，鱼钩的出现表示人类那时已经能"征服"海岛，并能利用海洋的丰富产物进行捕猎，而不仅仅进行采集活动。

没有人会认为用锥形螺壳制作鱼钩的能力是通过 DNA 编码的。这不是遗传，而是一种技能，必须在人类祖先生活的某种集体文化中传授与习得。至此，思想的文化传播再次出现，我们得以探索自身的进化。这种文化传播模式并不局限于我们人类（鲨鱼湾使用海绵的海豚就是例证），也不局限于技术。

乌鸦的社会认知行为更耐人寻味。它们似乎不仅能够识别人脸，而且能够区分人是在看它们还是看向远处。科学家们做了一个简单的实验：2013 年，他们在西雅图走近一群乌鸦，要么直视它们，要么看向远方。这些鸟就像周六晚上酒吧里打架的醉鬼一样，如果有人盯着看就会更快散开。也许这是乌鸦近年来对城市生活的一种适应，它们发现靠近人类并不总有危险，但逃离是一项代价高昂的活动，耗时耗力，而这些精力本可以更好地用于觅食。鸽子和其他认知能力不如鸦科的鸟类不判断接近者的意图，就会直接逃跑。对乌鸦的后续实验十分离奇。研究人员准备了两个不同的面具，戴第一个面具的人仅仅路过鸟群，戴第二个面具的人则要做出抓鸟的举动。他们让乌鸦认识到一张脸安全，另一张危险。五年后，研究人员回到原地。那里被同样的鸟占据着，只不过现在是更年轻的一代。五年后的鸟群对两张面具的反应和从前一样。它们似乎已经记住了代表危险的脸，而且以某种方式将这一信息传递给了更年轻的鸟。如果以上实验结果无误，我们接下来还需了解这种知识的传递是如何进行的。

尽管鸟类有这些技能，在英语中"birdbrain"（直译为鸟脑）仍然是一种侮辱。这个词的起源并不明晰，但它在20世纪上半叶就在美国的词汇中出现，早于我们对鸦科鸟类智力的研究。这可能仅仅是因为大家默认鸟类的大脑很小，或者是它们的行为看起来十分焦躁紧张，并且鸡在被斩首后不需要大脑也能存活一段时间。无论出于什么原因，这种侮辱现在已经站不住脚了。任何鸣禽要发出复杂的叫声或者模仿，都需要非常多的神经元，而它们的大脑并不大。这种矛盾成了一道难题。2016年，一项研究以前所未有的规模解剖了28种鸟类的大脑。答案之简明出乎意料：它们脑内的神经元只是排列得更加密集。鸦科鸟类和鹦鹉的前脑与类人猿的前脑大小相当，但神经元密度在某些情况下甚至高于灵长类动物。这一结果也许能解释为什么那些鸟形的恐龙如此聪明。那么"鸟脑"还是一种侮辱吗？"乌鸦答曰'永不复焉'。"①

现在我们知道，许多动物事实上是使用工具的，所以将人类和其他动物区分开来的关键已然改变。我们在技术方面展现出强大的能力，从打磨石头到使用笔记本电脑，技术定义了人类的存在。我们应该少去考虑使用的是什么工具，多去思考这种技能是

---

① 典自爱伦·坡著诗《乌鸦》。——译注

如何获得的。海豚不会拥有人类般灵巧的双手，在我的门前拍打的乌鸦也不会制作出比改良款棍子更复杂的工具。

也许不是"使用"工具将我们与其他动物区分开来，根本的区别是人类更能把制作工具的知识和能力传递下去。

烈焰使者

有一种工具既能帮助我们，同时又具有破坏性，值得更加深入的研究。

火已在世上燃烧了数十亿年，它是一种强大无情的自然力量，一种可以摧毁一切的化学反应。助燃的分子键被烧毁，活细胞在高温之下死去。生物体在火炙之下，重要分子扭曲破裂，细胞中的水分沸腾。生命与火，本两不相容。

然而，火是我们所在的环境和生态的一部分，适应、控制和利用这种原始力量的能力塑造了进化。

我们生活的地幔之下是熔岩汹涌的地核。早在生命开始之前，地核就不停把硫黄气体和火成岩等物质喷出地表。40亿年前熔岩从海床中喷薄而出，现代科学认为这是生命起源的关键，而不仅仅是起到了促进作用。在那里，化学物质演变为生物，于是生命开始了①。我们不仅仅是利用了火——生命从火中诞生，并被火所塑造。

达尔文甚至认为，人类生火的艺术"可能是除语言之外最伟大的（发现）"。也许他并没有错，只不过他写下这些话时是维多利亚时代，而今天的我们不再那么依赖火，也不再像他那样常看到使用明火的壁炉或铁炉了。

不管怎么说，人类仍是爱火的动物。我们燃烧的柴和煤，源于年代或近或远的树木，其中的碳元素对生命意义重大，里面还储存了太阳的能量。很久以前死亡的动物尸体中也蕴含这种能量，经年累月已经被压成了石油。在燃烧过程中，含碳化学键断裂，于是火释放出它的能量。化石燃料的燃烧塑造了，也反过来威胁着现代世界，因为不断释出的二氧化碳比空气的其他成分携带更多的能量，引起温室效应，使全球变暖。

不仅仅是在工业时代，早在我们演变为人类之前，火作为工具就已经彻底改变了我们的生存方式。有充分的证据表明，从190万年前到14万年前成功存活在地球上的人类——直立人，一定程度上已经在使用火了，只是首次用火的时期仍有争议。通过细细筛查古人类遗址的泥土，我们有分子证据（就遗迹地点有所不同）表明早在150万或170万年前就有骨头和植物被烧毁了。

---

① 我们目前关于生命起源最科学的假说认为，生命起源于所谓的"白烟囱"，即大约39亿年前的冥古宙时期在海底形成的热液喷口。这些丘状喷口由橄榄岩构成，其中遍布岩浆渗出而形成的迷宫般的孔道。我们把这种反应称为"蛇纹石化"。硫化氢和其他带电的化学物质在这些微小的腔室中游走，产生了第一批细胞。

这些用火痕迹都是在露天遗址发现的，我们不清楚它是由雷击或当地火山引发，还是早期人类有意用火。有些人认为，根据直立人牙齿的形状和其他量化数据判断，他们早在 190 万年前就开始烹饪食物。以考古学证据来看，最早的用火时期是约 100 万年前，遗迹发掘于南非的温德威克洞。

人类对火渐渐从偶尔使用转变为习惯性使用，最终对其产生依赖。和人类进化中的大部分故事一样，我们几乎可以肯定，这种转变是随时间推移慢慢发生的。不是一蹴而就，而是一次次出现，渐渐累积。关于用火的首例证据，考古学家仍有争论，不过考古学家争论的事情很多。

发展到 10 万年前，人类已经在很大程度上控制住火。作为光和热的来源，火显然是有益的。除此之外，用火星来生火的能力和控制火的能力都十分有用。在迪士尼动画电影《奇幻森林》里，红毛猩猩路易王用歌声表达了他"想要和你一样"的愿望，具体来说就是拥有人类特有的能力—— 生火。火对人类发展的影响是无可比拟的。我们以火为热源，生存范围向北扩展，超越了我们进化初期的温带和热带地区。这使我们有机会接触到从未见过的大小野兽，我们狩猎、烹饪、食用它们，还利用它们制作工具、衣服和艺术品。和今天的我们一样，人类围炉而坐的社会意义绝不应被低估。在火堆旁，我们形成并巩固了社会纽带。我们讲述故事，传承技能，烹制和分享食物。

我们是唯一会烹饪的动物。能量和营养有时深藏在我们所食用的植物和肉类中，通过消化才能释放。这个过程可以是化学的，也可以是生理的。我们用牙齿研磨、撕裂和咀嚼，但这些都是为了浸软食物，以使消化酶更容易在分子层面上精准利用食物的营养。很多动物使用非自身的生理机制来帮助消化。鸟类没有牙齿来浸软食物，但它们有砂囊——鸟类的肌胃贮存吞入的砂石，可将食物磨碎，使其更容易被化学消化。我们称这样的砂石为"胃石"。使用砂囊的做法古已有之，我们在白垩纪和侏罗纪时期的许多恐龙化石中，发现曾是胃部软组织的地方有一些已经磨平的石头。

人类的做法是将一部分消化能力"外包"出去，在体外完成。通过烹饪食物，我们打破了复杂的分子结合物，使它们更容易在胃里消化。通过加热，肉类会变软，而较软的食物吃起来也更快，煮熟的卷心菜就比生的吃起来快得多。这意味着我们能更有效地摄入必要的营养。进食是一个脆弱的时段：当你忙着吃东西的时候，对捕食者的警惕性就会降低。吃东西的时间越短，意味着自己被吃掉的概率越小。

以上种种使得烹饪在我们的进化过程中合乎需要，必不可少。一些研究人员认为，我们生活在不时就会着火的生态环境中，通过适应火带来的好处，我们渐渐变成了主动用火的灵长类动物。有些人认为，烹饪起源于猿类在烧焦的地方觅食，并渐渐理解了热量如何改变食物。用现代的烤箱把火鸡烤得完美已经很困难了，所以我们可以想象，丧生于野火、沦为烤肉的动物很有可能烧焦或没烤熟。但是，可能正是最初几顿冒着热气的美餐，令我们的祖先萌生了利用热能加工食物的想法。

如果你能安全地站在熊熊燃烧的大火旁，另一个明显的好处是可以看到其他动物逃离危险。如果这些动物刚好是你感兴趣的食物，那么一场大火就能为你提供免费的自助餐。南非的长尾黑颚猴就会这样，火给了它们前所未有的机会，只需守株待兔，从火中逃窜而出的无脊椎动物就会进到它们口中。我们认为猴子很清楚这一点，因为它们的觅食范围扩大到了野火区，特别是在刚刚发生大火之后。在野火区觅食还有另一种好处。长尾黑颚猴通常会用后腿站起来，目光越过草地灌木之上，以观察是否有捕食者。当植被化为灰烬之后，猴子就可以看得更远。在烧焦的平原上，长尾黑颚猴可以花更多的时间来进食和喂养幼猴，而不再需要那么多时间直立起来提防天敌出现。

比起长尾黑颚猴，塞内加尔丰戈里的草原黑猩猩和我们亲缘关系更近，火就是它们自然生态环境的一部分。草原上本来就热，而雨季的开始常伴随火灾，因为雷电会点燃干旱的灌木丛。自2010年以来，雨季到来的时间变得越发不稳定，大概从十月开始，黑猩猩约90平方公里的领地会被大火侵袭四分之三。

科学家们几十年来一直在观察这些黑猩猩，并在2017年报告了它们与火的关系，其中有几点值得注意。首先，它们不受野火困扰。大多数情况下，它们对燃烧的灌木丛视而不见，但有时会走进几分钟前还在燃烧的地区进行探索。它们似乎经常在草木烧毁的区域内巡视，原因可能跟长尾黑颚猴一样，在这里瞭望范围更广，可以及时注意到捕食者。在肯尼亚的马拉－塞伦盖蒂，斑马、疣猪、瞪羚和转角牛羚等大型食草动物常聚集于被野火烧焦的地区，密度高于植被健康的草原。究其原因，可能是穿越植物已成灰烬的土地更加便捷。

当周遭起火时，这些黑猩猩能按计划行动，这表明它们不能控制火但显然能将其概念化，更关键的是能预测其走势。动物能否将危险合理化，接近危险而不直接采取最安全的逃离行动，是衡量认知水平的标准之一。取决于可燃物、风的条件和诸多其他因素，火的燃烧复杂而无常。几秒钟内，火就能达到危及生命的温度，并能释放出对猿类也有威胁的烟和有害气体，因此黑猩猩的行动需要十分老练。

探究人类与火关系的起源时，长尾黑颚猴和草原黑猩猩可算作潜在的线索。在今天的自然界，把人类和其他动物进行比较，并推测现在看到的动物行为与人类过去的经历相似，可能是一种以人类为中心的想法。所有的数据在某种程度上都是有用的，但认为与我们亲缘关系较近的猿类的行为反映了人类的进化历程，无疑有些想当然了。

我们当初就是那样做的吗？今天的黑猩猩是否在模仿 10 万年甚至 100 万年前人类的进化？这些都是很难回答的问题，因为骨骼残骸和遗址无法完好保存行为的证据。但我们可以看到身体是如何随着环境变化而变化的，例如，如果动物渐渐离开树栖生活，可以从这样的微妙转变中推测是什么生理变化促成了这一行为。那么火是如何改变人类的呢？确实有更好的线索和工具来回答这个问题，尽管这些证据几乎像烟一样转瞬即逝。我们可以搜寻埋在土里烧焦的遗迹，或者寻找炉灶和厨房曾存在过的证据。我们还可以观察古人类的形态，通过观察他们的身体如何被塑造，或仔细研究留存的残骸来了解熟食是否是他们身体的必需品。我们也可以通过古人类的身体质量和进食时间，构建形成这样的身体所需能量的模型，并推算出饮食上的特殊要求。我们还能对存活至今的灵长类表亲进行测试，看看它们与科学家们刚观察到的这一小部分长尾黑颚猴和草原黑猩猩相比，行为是否吻合。

这些数据也许能构成理论，但我们应该更加谨慎。大多数类人猿并不生活在非洲大草原上。黑猩猩、倭黑猩猩、大猩猩和红毛猩猩大都生活在茂密的森林中。在那样的环境里，火极具破坏性，幸好发生野火的机会不多。关于森林火灾对类人猿影响的正式报告很少，印度尼西亚国家公园的泥炭火灾（这和棕榈种植业的扩张有关）就严重危及了红毛猩猩的生命。据估计，2006 年有数百红毛猩猩直接死于森林火灾。

我们在非洲进化的过程中，草原扩大了，森林缩小了，人类的身体形态也不再需要适应树栖生活。至于我们如何进化成今天的样子，单一的原因很难成为有说服力的论据。说起来，我们是在非洲过渡到智人的，但我认为学界的观点正在转变，倾向于人类是由多种早期非洲人类衍生而来的混合体。最有力的证据来自非洲东部，我们还没有真正仔细观察过非洲这片广袤大地的其余部分，要知道，已知最早智人的发掘地是非洲西北部——摩洛哥马拉喀什东部的山丘上。这意味着火无疑是人类进化的巨大推动力之一，但不是唯一。如果人类长期与草原大火共存，火无疑将深刻地改变我们，但是，我们的祖先并非全部生活在非洲的平原。

达尔文说，智人是唯一使用工具或火的动物。他在此处说法有误。只有人类能够生火或制造火花，然而人类并不是唯一以火作为工具的动物。我们已经讨论过，鸦科动物就是熟练的工具使用者。2017年以前，猛禽并不因其使用工具的能力而闻名。猛禽是一种非正式的广义分类，包括鸢、雕、鹗、鹭、猫头鹰等，但它们不一定有进化上的关联性。在亲缘关系上，猫头鹰与啄木鸟更接近，隼与鹦鹉更接近，而猫头鹰和隼与同为猛禽的鹰或雕关系反而更远。不过，猛禽都是捕猎的好手，有弯曲锐利的爪子和喙，且往往有敏锐的眼睛，有些猛禽还有非凡的变焦视力，在高空翱翔的时候可以清楚地看见地上极小的哺乳动物。

有一些猛禽也喜欢火。它们在火中觅食的缘由与长尾黑颚猴相似。小动物逃出燃烧的灌木丛，猛禽的一顿美餐就唾手可得。很多猛禽也吃腐肉，灰烬中会有很多烤过的小型哺乳动物。早在1941年，就有科学文献留意到这种行为，在世界各地，包括东非和西非、得克萨斯、佛罗里达、巴布亚新几内亚和巴西都有记录。

这些猛禽中有的甚至更加聪明。黑鸢、啸栗鸢和褐隼是各地常见的猛禽，生长于澳大利亚。它们常在其北部热带草原上捕食和捡拾腐肉。这片土地炎热而干燥，常有野火。澳大利亚原住民非常了解这一点，几千年来，对火的管理已然非常成熟。他们会用火烧毁特定的植物群，帮助可食用植物和野草生长以吸引优质的肉食来源——袋鼠和鸸鹋。

原住民也相当了解当地的动物。历经多年观察、最终在2017年发表的一项研究中提到，原住民护林员和澳大利亚科学家均报告目击黑鸢、啸栗鸢和褐隼在做一件非常聪明的事情。它们会从起火的灌木丛中捡起燃烧或冒烟的树枝，将这些火把带走。有时它们会因为树枝太烫而中途放弃，但最终目的是把火把丢到干燥的草丛中以燃起新的火苗。一旦草丛被点燃，它们就会栖息在附近的树上，等小动物们疯狂地从火场中撤离，然后上前饱餐一顿。

澳大利亚原住民对这种会放火的鸟已经很熟悉了[①]。它被原住民称为"火鹰"，也会出现在一些宗教仪式中。一位名叫怀普尔达尼亚的原住民在1962年的自传《我，原住民》中也有相关的描述：

> 我曾见过一只鹰用爪子抓起一根冒烟的树枝，把它扔到半英里外的一片干草中，然后跟伙伴们一起等待受炙烤和惊

---

① 这项研究由澳大利亚民族鸟类学家鲍勃·高斯福德领导，他住在澳大利亚北领地，城市的名字刚巧就叫达尔文。高斯福德和他的团队提到了 IEK（indigenous ecological knowledge，直译为本土生态知识），对澳大利亚原住民的长期传统和技能给予极高的认可，并在研究中全力接触原住民，学习他们的知识。这是一种较新的研究方法，但它清楚地表明，虚心学习、尊重原住民对理解世界大有裨益。

吓中的啮齿动物和爬行动物疯狂逃窜。那片区域烧尽后，它们又在其他地方重复这个过程。我们称这些火为"Jarulan"。我们的祖先可能从鸟类那里学到了这种技巧。

关于这一令人难以置信的现象，之前的学术文献没有明确的结论，对于猛禽是否故意纵火一直存在争议。这项最新的研究是第一份正式的科学论述，从多年来许多目击者的证词中总结出，这种放火行为完全是刻意的。

据我所知，这是唯一的人类以外的动物刻意放火的记述。这些鸟的确在把火作为工具，根据前文对于"工具"的定义，这种行为符合所有条件。这也在一定程度上解释了为什么这些区域的火可以越过人造和自然的障碍，比如荒芜的小路或小溪。可能澳大利亚原住民就是从鸟类那里学会了用"Jarulan"生火，后来又将其纳入了澳大利亚至今所有的火灾管理中。若果真如此，这就是跨物种文化传播的一个美丽的例子。可能我们远古的祖先在100多万年前也这样学会了生火，于是人类开始了与火的不解之缘。或者这只是一个好技能，只有人类和猛禽解锁了。无论哪种方式，生火是控制火的第一步。

有了第一步并不意味着接下来的步骤水到渠成。"火鹰"用火的下一步并不会发展为锻造金属或烹饪食物。这种知识比长尾黑颚猴和丰戈里黑猩猩的行为还要复杂。"火鹰"需要对火有一定认知，尤其是它的危险性，还需要提前计划的能力以计算放火的危险。想想我们会让多大的孩子摆弄燃烧的棍子？会放火的隼和鸢使用一种致命的自然力量来操纵环境，以获取食物。不这样做的话，这些美味只会安安全全地藏在灌木丛中。

火是大自然的一部分。世界在有生命之前就已经有火了，大自然的生物顽强地适应着变化的环境，一再拥抱骇人的地狱之火。我们人类则更前进了几步，对这种原始的力量形成了完全的依赖。比如，在饮食方面，只吃生的食物会有严重的健康风险。即使有其他能源，至少在可预见的未来我们仍会以早就死亡的动植物遗体为燃料。用火是我们的天性，而没有火种就不能生火。人类是唯一能制造火种的动物，但现在我们也知道，除了人类，别的动物也能用火获取所需要的东西。

猩球大战

　　暴力是大自然与生俱来的。在争夺资源、求偶和捕猎时，动物之间常常发生冲突。工具可以扩展动物的能力，其中也包括了可以施展暴力的武器。使用比自身更坚硬或更锋利的物体给对手致命一击，就能速战速决，因此武器对动物极具吸引力。在使用工具的动物中，的确有少数动物将其作为武器。达尔文在《人类原始及类择》中说，狮尾狒为了攻击阿拉伯狒狒，有时会把石头滚下山砸它们。大象和猩猩把石头当作武器，似乎主要是扔向人类。它们很可能也把石头扔向其他不请自来的入侵者，但显然，对人类的攻击就是我们走得太近才观察到的。大象和猩猩并不会特意制作武器，但会有意地选择适合投掷的石头。

　　拳击手蟹会用钳子夹着一对带刺囊的海葵来抵御敌人，这也使它们收获了"啦啦队蟹"这个略显软萌的绰号。如果其他螃蟹手里没有这种武器，它们就会立即宣战。要是手里只有一只海葵，它们就会把这一只撕成两半，而海葵经过自体克隆又会长成一对。

在火堆中巡视的塞内加尔丰戈里黑猩猩还会用自己制作的武器狩猎。会使用工具的动物百里挑一，会用武器狩猎的动物更是凤毛麟角。丰戈里黑猩猩一旦发现了婴猴的巢穴，就会寻找一根合适的树枝，修除杂余并用牙齿磨尖。这种尖刺平均有60厘米长。婴猴昼伏夜出，如果捣开它们安睡的树洞一定会迅速逃窜。因此，黑猩猩会快速地将尖刺反复向下刺入树洞。婴猴在如此迅捷的刺杀中无处可逃。黑猩猩把婴猴戳到尖刺上，像烤串一样把它们吃掉。到目前为止，这是除人类以外的脊椎动物制作工具猎杀另一种脊椎动物的唯一例子。

说到暴力的表达方式，人类无疑是最出色的。我们之所以能更高效地狩猎，主要因为武器的制作越来越精良，从最简单的棍棒到安装了阿舍利矛头的长矛，再到弓箭和回旋镖，一直到枪支、导弹和炸弹，杀戮其他动物越来越省时省力。

在史前时代，我们制造了更好的工具和武器，但随着武器技术进步，冲突的规模也更大了。作为社会有机体，人类以群体为单位竞争有限的资源。在这种竞争中，我们不可避免地对同为人类的另一群体挥刀相向，争相设计出能杀死对方的更有效的方法。在人类历史上的某个时段，群体间的暴力规模不断升级。群体冲突是战争的前兆，最早的证据来自肯尼亚的纳图鲁克。2012年，研究人员在纳图鲁克发现了27具尸体，在地下保存了约一万年。尸体被扔进了潟湖，如今年代久远，湖水早已干涸。这是一场大屠杀，其中有八名男性和八名女性，还有五名性别无法确定的成年人及六名儿童。四名女性疑似双手被绑，其中一名处于怀孕晚期。至少有十具尸体头骨骨折、颧骨断裂，这是头部受到严重钝器创伤的明显迹象。这种性质的武器不应是这一时期东非游牧民族的正常狩猎工具。这是一次有预谋的攻击，残忍程度令人心惊，然而我们永远无法知道屠杀的动机。

纳图鲁克遗迹是人类有预谋攻击一个群体最早的证据，比人类开始用文字记录历史还要早几千年，但我们可以合理地假设群体冲突是人类处境的一部分。有人类的历史就有战争。

人们一方面引起冲突，一方面研究冲突的原因，二者花费的时间几乎一样长。所有的战争都不同，所有的战争也都相同。由于参与者、可利用的技术、地理环境和其他因素不同，每场战争都是独一无二的，但冲突的原因从根本上来说相差无几。最早的历史学术著作之一《伯罗奔尼撒战争史》由伟大的希腊历史学家（兼雅典将军）修昔底德在公元前 431 年开始书写，记录了斯巴达和雅典之间二十多年的战争。他在书中说，我们参战的动机无非是恐惧、荣誉和利益。

这三个动机都是对进化的解读。对入侵者的恐惧，是为了生存下来，以繁殖和抚养自己的基因携带者；荣誉、骄傲或群体保护意识，是为了延续亲属携带的基因；而对利益的维护，是为了保护基因赖以生存的资源，包括领土、食物，以及对男性而言获得女性的机会。进化理论可以为人类的好战做出解释，但我绝不愿意将其作为某种道德上的借口。表面上看进化理论与战争有相同的基础，但实际上战争的发生有极其复杂的政治和宗教原因，将进化论归结为原因未免太草率荒诞。比如常引起战争的民族主义就不以进化为动力，因为民族主义不是亲属选择的合理代表。真正的亲属选择是指在一个群体中，由于成员之间亲属关系密切并携带高度重合的基因，因此进化的需求会致力于促进群体的共同目的，即争取生存。

国家不以亲属关系为界。人类在整体上的关系极其密切，而国家之间的界线是人为确定的，并且可以随时变动，无法造成任何实际意义上的生物差别，所以自然选择无法在此基础上发挥作用。基于政治和宗教差异的冲突与进化更加没有关系。新教、天主教和摩门教的基督徒，或者逊尼派和什叶派的穆斯林，在基因上并没有任何有意义的差异。这些群体之间的冲突根本上来说是政治的而非生物的。大千世界之中，人与人之间存在普遍的基因差异，但这种自然差异几乎无视国界与信仰。我们谈论种族时并不严谨，它与人类基因的差异也没有什么关系。我们把人归入不同的种族群体时，通常使用可见的特征，如皮肤颜色、头发质地，以及一些如上眼睑形状之类的解剖学特征。这些都是经过基因编码的，但它们只占人类基因差异总量的极小一部分，绝大部分差异是不可见、也不按种族群体划分的。比如，数百万自我认同为非裔美国人的人事实上并不能以任何有意义的方式在遗传学上被归为一组，虽然他们的肤色总体上可能比欧洲血统为主的美国人更深。大多数遗传差异存在于群体之内，而非群体之间。因此，把十几亿中国人归为东亚人看似无可厚非，但在生物学上，中国人是一个非常多样化的群体，尽管中国人有着比别国人更相似的眼睛形状。考虑到这些，我们不能将进化需求作为战争的直接动机，因为这是一种唯基因论，现实中并不存在如此泾渭分明的基因差别[①]。

以他人的死亡确保生物体基因能够存续是进化的内在要求。战斗、进食、繁殖、竞争和寄生都是进化变化的主要动力。我们观察到动物利用工具进行威胁或实施暴力，但在自然界中鲜见动物群体之间的"战争"，意即战略性的、有预谋的、长时间的武装冲突。

黑猩猩是明显的例外。倭黑猩猩会以热情洋溢的性接触来缓解紧张局势和冲突（后文会详细探讨），但它们最亲密的表亲黑猩猩却会更加系统性地实施暴力。我们知道这一点已经有几十年了，但在 20 世纪 60 年代末"爱之夏"嬉皮士革命式微之后，才对黑猩猩社会的暴力程度有更加深入的理解。倭黑猩猩和黑猩猩同为黑猩猩属，嬉皮士反主流文化的口号"要做爱，不要作战"恰好能反映出二者的不同：倭黑猩猩是爱人，黑猩猩是战士。在坦桑尼亚的贡贝溪国家公园，简·古道尔率先记录了黑猩猩冲突的规模。这个黑猩猩社会在 20 世纪 70 年代初从团结走向分裂，出现

[①] 关于人类、种族和塑造人类历史的遗传基因如何相互关联，我在上一本书《我们人类的基因：全人类的历史与未来》中做了更深入的探讨。

了南北之分。分裂的原因不明，但与一头雄性黑猩猩的死亡时间相吻合。古道尔称它为里基，它死后被汉弗莱取代。于是一些黑猩猩开始追随汉弗莱，但别的南方黑猩猩显然认为它很软弱，转而效忠休和查理两兄弟。接下来，双方都对对方的领地进行了战略突袭，有针对性地杀害或殴打雄性敌人，暴力升级为持久战。汉弗莱的军团最终取得了胜利，经过四年的持续冲突，叛军全军覆没。

努迦黑猩猩生活在乌干达的基巴莱国家公园。十多年来，研究人员一直对它们进行观察，看到了更具协作性的、系统的暴力和明显的战斗策略。每隔几周，年轻的雄性黑猩猩就会聚集在它们的领地边缘，排成单行，无声地进行巡逻。据观察，在18次这样的巡逻中，它们曾被目击潜入邻近的领地，残忍打死一只雄性黑猩猩，肢体撕成碎块，并在肢解的尸体上扑跳示威。经过十年的恶性小规模冲突，努迦黑猩猩已经完全吞并了临近这些被袭击的领土。

在坦桑尼亚西部的马哈勒山脉，有一群黑猩猩同样侵占并吞并了邻近的族群，但之后所有的成年雄性黑猩猩都消失了。就像黑手党的争斗一样，没有人亲眼看到攻击行为，也没有发现尸体。据推测，它们丧命于领土斗争①。

数据稀缺，但我们仍观察到多起持续性致命攻击，科学家们

①2017年，研究人员在成功吞并邻地的马哈勒黑猩猩中观察到一起可怕的杀婴事件。一只雄性黑猩猩抢走了出生仅数秒的黑猩猩婴儿，几个小时后，有人看到它在树上大啖其肉。人类仅观察到五只黑猩猩的生产，因为雌性黑猩猩在生产后往往会躲起来，好像休产假一般，可能正是为了避免这样的杀婴事件。

为了避免使用"战争"这种描述人类行为的词语，有时称之为"联盟暴力"。而有一种说法认为，正是人类把这种类似战争的行为强加给了黑猩猩。人类长期侵占黑猩猩的领地，将森林夷为平地，把疾病带给它们，甚至进行猎杀，如此便推动了黑猩猩群体之间的资源冲突，暴力逐步升级，而杀戮是随之而来的附带产物。在贡贝溪，人类多年来一直在给黑猩猩们发放香蕉，引诱它们进入可以被观察到的区域，事实上也干涉了它们的生活。

人类行为是否影响了黑猩猩的行为？在 2014 年，这个假设经受了科学的检验。如果人类活动是暴力水平升级的驱动因素，那么我们应该在人类离黑猩猩较近的地方看到更多的暴力事件。研究十分艰巨，分析了 18 个黑猩猩聚集地，总计 426 年的研究记录中每一起暴力和杀戮事件。研究发现，暴力和领土资源竞争以及群体密度（尤其是雄性）之间有很强的联系，而与人类活动的远近几乎没有关系。在坦桑尼亚马哈勒山脉和乌干达基巴莱国家公园，两次联盟暴力事件（前者有推测成分）的赢家都大大扩张了领土。从进化的角度来看，这意味着更多的果树，进而是更丰富的食物，再进而是更健康的人口和更多的小黑猩猩成员。

因此，黑猩猩的致命攻击行为，包括联盟暴力，应该被理解为一种适应性策略。在演进的时间和基因方面，我们人类与黑猩猩和倭黑猩猩很接近，为了解释复杂的行为，在三者之间建立一种进化关系始终具有诱惑性。这三种猿类的共同祖先是否早有暴力倾向，而只有倭黑猩猩在进化中抛弃了暴力？还是正相反，以性作为解决争端的方式本是常态，而只有倭黑猩猩保留了它？这些听上去都很有道理，但我们并没有数据支持其中任何一方，所以必须科学谨慎地进行比较。别忘了，在人类与其他类人猿分道扬镳的六百万年里，它们也在不断进化：就黑猩猩而言，它们的进化方向是利用暴力最大限度地扩展自己的生存空间。我们需要根据黑猩猩的自身条件来理解它们的暴力倾向，而不能仅仅以此为例去理解人类。反观人类，我们经历了太多的战争，黑猩猩的行为与我们并没有太多关联。

我们考察了人类和其他动物一些不太令人钦佩的特点，可以看出暴力在某些情况下是极端和致命的，但它是生命斗争的一部分，而且在动物中十分普遍。生存就是以牺牲与自己基因不同的物种为代价的。猎物会进化到能击败捕食者，而反过来捕食者也会继续进化，这就是我们经常在进化论中谈到的军备竞赛。这种永恒的冲突存在于物种内部不同的性别之间，也存在于大大小小的物种之间。举个宏观层面的例子：具有回声定位能力的蝙蝠是飞蛾的强劲天敌，但美国亚利桑那州的虎斑蛾已经进化出一种一石二鸟的对策——它们会分泌一种蝙蝠讨厌的化学物质，但也会发出蝙蝠可以探测到的高音调声纳。一旦蝙蝠吃了一只虎斑蛾，并将其与警告音联系起来，今后就会避开这些飞蛾。在微观层面上，你的整个免疫系统无非是进攻和防御，以对抗希望以你生命为代价而存续的生物。毕竟，导致人类自然死亡的种种原因远超我们用战争消灭自己的企图。生物世界中最小的东西对人类的生活产生了最大的负面影响，比如鼠疫、西班牙流感、肺结核、艾滋病、天花和疟疾。其中疟疾尤甚，可能是人类历史上最致命的天敌了。

不管怎么说，人类在相互毁灭方面已经有了大胆的尝试。毋庸置疑，无论是个人层面上还是全球范围内，凭借我们的大脑、智慧和技能，杀戮都已变得越来越有效率。也许以核武器确保彼此都能毁灭对方的日子已经成为过去，不需要进化理论家的解释我们也知道，这对我们的基因和物种来说当然是件好事。进化论很难合理化人类的战争，只有黑猩猩的冲突规模可称得上是"类似"战争，这一点使其难上加难。大多数文化都禁止杀人，亚伯拉罕的十诫中甚至有明确规定，但基督和穆罕默德的门徒对扼杀他人的生命太过热情，"不可杀人"似乎不再是严格的戒律，只是一条指导方针罢了。

农耕与时尚

我们擅长使用工具来突破自身身体的限制。使用工具的能力几乎都是后天习得，而不是与生俱来的，但它建立在允许这些技能发展的生物基础之上。我们已经在前文看到了许多能够使用技术的动物，有些技能是学习到的，有些是编码遗传的，但都称不上复杂。关于工具，此处还有两方面值得研究，它们在人类文化中不可或缺，在其他动物中可能也有明显的对应行为。二者本身都不是工具，但都是人类通过深度操纵环境来扩展自身能力的典范。二者都需要用到工具，并且都对人类至关重要。

第一个方面是农业。前文我们讲到了生物利用其他没有生命的物体的例子，而海豚使用海绵觅食的例子，则是一种动物利用第二种动物来猎取第三种动物。另一种养活自己的技术是培养其他生物来收获食品。人类的这种行为被称为农耕。农业不可逆转地改变了我们，并为人类至今的发展奠定了基础。在很短的时间内，我们从狩猎采集者变成了培育食物的农民，文明的车轮在这一过程中滚动起来。约一万年间，农业一直在产业和技术中占主导地位。我们有农业出现时人类培育新谷物的证据，比如美索不达米亚（又称两河流域，现位于伊拉克境内）的黑麦，黎凡特（东地中海地区）的单粒小麦。欧洲和亚洲的许多地方出现了驯化的野猪和绵羊。上个冰河时期消退后一千年左右的时间里，有人类的地方就有农耕。人们不再需要完全依赖应季的产物或追随迁徙的动物来保证有食物，而是可以就地安家，并将作物储存起来以备休耕。耕作需要计划和远见来预测什么作物会生长、如何生长、何时生长。农耕本身就推动了技术革新，比如需要制作储存用的盆、加工食物的筐篓、耕地的犁和锹。经由农耕，农作物作为一种有价值的商品被集中，吸引来更多的人。渐渐地，经济差距产生了，贸易也紧随其后出现了。农耕生活更加稳定，这种新的生活方式超越了采集和觅食，成为主流，农耕的技巧也在家庭中被传承。越来越多的家庭聚居在一起，成了社区。

农耕改变了人类的骨骼和基因。我们的基因组比其他特征更迅速地反映了饮食的变化。我们的 DNA 中有向农耕生活转变的印记，典型的例子是喝奶。在欧洲人和最近的欧洲移民中，许多人一生都喝奶。从古至今，对于地球上的大多数人来说，断母乳后继续喝动物奶是各种胃肠问题的根源，因为分解乳糖所需的酶只在婴儿期发挥作用。但是在大约 7000 年前的某个时候，也许是在欧洲西北部，这种酶的基因发生了突变，从而在人的一生中持续发挥作用。在此之前，人类一直在饲养乳制品动物，用乳汁制作软奶酪（将乳汁加工成奶酪时去除了乳糖，因此任何人都可以食用奶酪而不受影响），但不饮用原奶。在这一基因突变之后，结合农耕实践，人类有了蛋白质和脂肪的新来源，并且可以控制它的生产。这对我们的好处显而易见。人类可以喝动物奶不仅仅是由自然界选择的，而且是生活和所培育的生物体相结合造就的。现在，它已被刻入我们的DNA。

我在前文第3页的脚注中提到，没有任何生物体可以不依赖另一个生物体存在（同一脚注中还质疑了病毒不算生物的观点）。这当然是真的，捕食者依赖猎物，生态系统的食物关系网相互依赖，保持着微妙的平衡。农业则不同，它通过共生培育来产出，意即通过系统化的劳作供给成熟的产品。就像7000年前的山羊逐渐开始为人类提供奶源，经过长时间的塑造与驯化，成为如今的样子。

农业对于文化发展一直至关重要，推动了历史发展，也推动我们进入文明社会，但人类并不是唯一的农耕从业者。

在自然纪录片中，我们常看到切叶蚁举着植物上剪下的大片叶子走来走去。然而，它们的目标食物不是叶子，而是通过培育环柄菇科真菌，获取真菌细胞制造的产物。切叶蚁并不会直接食用真菌。二者在进化中互惠互利，蚂蚁培育真菌，真菌产出食物喂养蚂蚁。叶子就像耕好的地一样作为基质，真菌在上面生长，为蚁群提供必要的食物。

大约有200种切叶蚁如此获取食物，这种模式已经存在了两千多万年。它们是专性真菌培植者，意味着它们完全依赖真菌培植，就像人类依赖养殖的食物一样。这种依赖关系也是相互的：真菌长出的丝状物被称为菌丝球，含有营养丰富的碳水化合物和脂类，可供蚂蚁更便利地采集，喂养蚁后和幼虫。菌丝球仅存于这种真菌和蚂蚁合作的农业模式中。

这种共生关系还有更神奇的一点。培育真菌的叶床容易受到另一种真菌的感染，蚂蚁会亲手（实际上是用下颚）除掉这些真菌。蚂蚁身上专门的内分泌腺中还携带着伪诺卡氏菌。这种细菌会产生对抗真菌感染的抗生素。在多个层面上我们都能看到惊人的互助关系：动物培植真菌，还用细菌作杀虫剂，多种动物彼此依赖。进化有大智慧，我们能向蚂蚁学到很多东西。

对我们至关重要的第二个文化支柱在人类之外的自然界很难看到：我们选择如何装饰自己。把穿着或发型视为无足轻重或毫无价值是愚蠢的想法。对大多数人来说，秀场上经常出现的高级时装可能夸张到令人困惑，但外观非常重要，可以传达许多信息。性选择是进化改变的巨大驱动力，我会在下一章更深入地探讨这一点。不过，在一开始就传达出健康、力量、基因良好或繁殖力强的信号，（通常来说）会使雌性更愿意选择对方作为交配对象。雌性在卵子上的投资要比雄性在精子上的大得多——卵子比精子大且更加稀少，所以是更有价值的资产。这种不平衡塑造了整个动物界的行为。最引人注目的是许多雄性动物进化出了夸张的身体特征。孔雀的尾巴是我们最常提到的例子：拥有这么一把浮夸的扇子，身体的代谢成本会很高，而且拖着显眼的大尾巴就更难从饥饿的狐狸那里逃脱了。但是，拥有如此虚有其表的尾羽还能生存至今，可能更说明其基因优秀，而雌孔雀也许会认为自己的基因就是要跟对方的优秀基因结合，才有最好的生存机会①。

因此，天堂鸟长出了离奇的尾巴，大大小小的昆虫长出了花哨的附肢。发情的叉角羚疯狂对撞，伞鸟尖叫着求偶，非洲草原上的长尾寡妇鸟滑稽地蹦蹦跳跳。雄性动物们一个个盛装展示，夸耀自己的不凡。

也许对雌性伞鸟、叉角羚和孔雀来说，雄性的外形确实很漂亮，但这肯定不是时尚。动物夸张的特征是经过几代更迭慢慢形成的。某种特征的随机变化可能会在雄性身上稍微明显一些，而雌性对这种特征一旦出现随机的偏好，就可能意味着它们会交配。一代代的重复之后，这种特征就会越来越明显，直到太夸张。在普遍情况下，都是雄性的某种更明显的特征与雌性对该特征的偏

---

① 几乎在所有情况下，我们都会在雄性身上看到夸张的外表。雌性通过与最好的雄性交配，才能使卵子的投资收获最大的回报，而雄性最好的策略是与尽可能多的雌性交配。因此，雄性为获得雌性的机会而相互竞争，而雌性则可以选择。这是性选择概念的基石，也是自然选择最重要的方面之一。在生物学里，例外常常困扰着我们，但也丰富了我们的认知。有些雌性拥有迷人的装饰，这就是例外。海龙鱼长得像伸直的海马，与平平无奇的雄鱼相比，雌鱼在繁育期会变得更加绚丽多彩。同样，雌性小嘴鸻（Eurasian dotterel）色彩也更加鲜艳。这两个物种的雄性都会承担大部分的育儿工作。顺带一提，英文中"dotterel"有辱骂的意思，意思是"老傻瓜"，可能与这种鸟温顺木讷的性格有关。

好相匹配，从而助长了华而不实的夸张特征。

有些生物会装饰自己。它们会出于各种目的从环境中取得某种东西附着在自己身上，有时甚至是其他生物。而最常见的目的是为了防御。这有别于工具，但也是工具的延伸，并且常见于水生动物之中。在蜘蛛蟹家族中，有数百种螃蟹会用各种物体装饰它们的身体。它们的壳上有像粘扣一样的细毛钩，这些螃蟹需要辛苦地往上面粘东西。有时壳上的东西只是简单地用于伪装，但由于完全粘上东西需要一段时间，而且这些物体往往是发臭的植物甚至是静止的软体动物，会将自己的位置暴露给捕食者，所以它们的作用更可能是驱赶天敌。很多昆虫幼虫还会制造包裹全身的涂层，材料通常是自己的粪便，起到驱赶、保护和伪装的作用。猎蝽会把成堆的猎物尸体背在身上，但这是为了伪装，而不是吓退它的天敌。

人类的时尚与蜘蛛蟹、猎蝽的装饰几乎没有共同之处。我们的穿着方式有可能源于性选择，也可能并非如此。有的进化心理学家认为我们的衣着打扮遵循了交配原则，但总体而言我并不认同。时尚无疑可以凸显身体的某些方面，展示出看似理想的特质，如宽肩、细腰或是明亮的大眼睛。德斯蒙德·莫利斯所著的畅销书《裸猿》也有类似观点，但在科学上不甚严谨。他提出，口红使女人的嘴唇看起来更像因性兴奋而充血的女性生殖器。这话乍一听很有道理，但只要稍加审视就会不攻自破，因为我们没有支持这一观点的证据。如果它是真的，我们就应该看到自然选择对涂口红这一行为的偏好，也即涂口红的女性应该有更高的生殖成功率。这个观点无法解释为什么口红有如此多的样式和颜色，也无法解释，为什么大多数女性在人类历史的绝大部分时间里都不涂口红，但仍生下了健康的后代。因此这是一个想当然的伪科学解释——听起来似乎行得通，但无法进行科学验证或缺乏确凿的证据。

西格蒙德·弗洛伊德认为，领带是阴茎的象征。不过他认为许多东西都是阴茎的象征。多年来人们觉得，商务领带的阴茎象征性地位原因有三：形状细长，向下直指裆部，并且常由喜欢感到强大的男性佩戴。但男士的领结或领巾就不符合以上三条，而且大多数男人从古至今绝大多数时间不打温莎结领带，不也正常生育后代了吗？拉夫领在西欧流行了几个世纪，但它并不指向裆部，而酷爱拉夫领的都铎王朝也能顺利生育。除了以上的反例，这样的论点也没有考虑世界各地的时尚差异及其经历的各种变化。想象一下，你好意思把脸涂白，穿着马裤，戴着一顶巨大的白色假发去上班吗？不然就脱了领带，戴上小拉夫领，穿上遮裆布试试？

时尚来来去去，当季流行的裤型下一季就土气了。时尚更可能是人们短时间内表达群体归属的一种方式。比如说我吧，曾经有段时间走的是暗黑哥特路线，只穿单色的衣服，还尽量表现得阴郁诡秘，后来又180度大转弯迷上了嘻哈。奥斯卡·王尔德说时尚"丑陋到让人无法忍受，无怪乎每半年就得改它一次"。他说这话时无疑脖子上系着领巾，肩上挎着条毛领，头上一顶俏皮帽子，纽扣眼里还插着百合花。这打扮别说是现在，就是在他自己的时代都引人发笑。部落主义能展现群体归属，是一种与人类息息相关的特征。不能说它与生物进化无关，但部落的归属是短期的，也许可让我们从自然选择的禁锢里出来透透气。反观非人类动物，我们几乎看不到它们有跟随时尚潮流这种无意义的行为。

我们看看朱莉的例子吧。2007年，她开创了一种全新的潮流，并且经久不衰。当时朱莉15岁，已经过了贪玩和任性的阶段，正慢慢变得成熟，但她仍然热衷于尝试新鲜事物。有一天，她决定在一边耳朵里插上一片硬草，以此作为自己的标志造型。她耳朵里插着草继续日常工作，4岁的儿子杰克注意到了妈妈的新造型，也模仿起来。凯西比朱莉小5岁，在这个群体中她和朱莉相处的时间最长，不久后她也在耳朵里插上了草。瓦尔紧跟其后。其他相熟的朋友也紧随其后，在这个12名成员的群体中，有8个都模仿了这个造型。

朱莉其实是一只黑猩猩。她于2012年去世，但她开创的潮流在当地社群中一直存在，并已蔓延到附近至少两个黑猩猩群体。这是非洲赞比亚西北部一个保护区，名为奇芬什信托野生动物孤儿院。朱莉的群体与这两个黑猩猩群体有少量交往，但并不真正混居在一起。根据研究这些黑猩猩的灵长类动物学家的最新报告，凯西和瓦尔的一边耳朵里仍然插着硬草。

我们观察到黑猩猩与人类有很多相似的社会行为，其中不少在本书都有讨论，但这可能是黑猩猩采用科学文献中所谓"非适应性任意传统"的唯一例子。简单说来,这就是一种时尚。

还有一些其他行为的例子,比如黑猩猩出于未知原因模仿其他黑猩猩。成年雄性黑猩猩汀卡生活在东非乌干达布东格地区,因为触到当地人捕猎丛林猪和麂羚的陷阱,双手被夹,几乎完全瘫痪。他的双手呈钩状,左手拇指可以轻微活动,右手完全不能动,两只手均失去了功能。汀卡有明显的过敏症状,可能是虫蚁引起的,皮肤上成片毛发脱落,长了红疹。无奈他不能用手消灭虫蚁,甚至无法用手挠痒痒。黑猩猩日常生活中有许多正常和必要的行为,既有生物功能相关的,也有社会功能相关的,可惜汀卡由于手疾无法参与,比如互相梳毛。但是汀卡发明了自己的抓头技术,用脚拉紧一根固定在树枝上的藤蔓,然后头靠过去来回摩擦藤蔓,像锯锯子一样。

这个抓头的行为很有趣。它显示了一种操纵环境、利用周围事物来创造必要工具的复杂能力。当然,猴子、熊、猫和许多其他哺乳动物(包括人)也会背靠着树、石头或者家具挠痒痒。不过更有趣的是,汀卡这样做之后,他的许多同伴也跟着做了。共有七只身体健全,本身没有这种需要的黑猩猩模仿了汀卡的抓痒技术。它们都比汀卡年轻,其中五只是雌性。摄像机拍到二十一起藤条抓痒事件,汀卡只出现了一次。因此,这些模仿者并不是在对年长的黑猩猩拍马屁。藤条抓痒大法就是火了。

这样的例子少之又少,是例外,是奇闻趣事,不能代表这些黑猩猩的认知水平。但它们是真实存在的。有可能汀卡的方法确实是更好的抓痒方式，但关键在于这似乎不是适应性的行为，至少不是直接的适应性行为。这些黑猩猩看起来是在模仿一种风格，没有什么特别的原因，或许只是为了融入群体。

有了工具，有了武器，甚至有了时尚，我们的能力已经远超其他动物。我们在其它动物身上也能看到工具的使用、一些暴力（人类尤其沉溺其中），以及呼之欲出的审美选择，但我们与它们的差别很明显。人类凭借高认知水平和灵巧的双手，制造出复杂精巧的物品，对工具产生了依赖。我们操纵环境由来已久，几十万年过去了，不使用技术已经无法生存。

然而，还有一套更古老的典型操作，也令人类欲罢不能，它为更基本的进化原则服务。我们对它表示热烈欢迎，并大加发展，如今它已经远远脱离了最初的目的。下一章，我们将探讨其他动物是否也像人类一样，对性充满了非凡的热情。

性

　　请想象一位外星科学家来到我们的世界，想要研究地球上的生命，观察我们人类，以及我们在自然万物中的处境。这位科学家会看到一个充满生命的世界。到处都是生机勃勃的细胞，细胞内部运行着编码信息，彼此相互依存，有的细胞还组成了更大的躯体。外星科学家能看到时间流逝，于是会看到，生命存在的时间，占了地球存在时间的九分之八，而且在这段时间里，生命持续存在，有些小插曲但从没有中断。科学家还会观察到，这些细胞和生物体都不能永生。所有生物都会产生新版本的自己，因此，生命的链条不间断地延伸。

　　外星科学家对人类特别感兴趣，尤其是我们的生物构造和行为。它注意到，人类体形较大（但不是最大的），种类丰富（但也不是最丰富的），而且无处不在（尽管这是最近才出现的现象）。人类数量本就不多，如果扩大范围，参照我们自己提出的物种分类法，以人类为代表的哺乳动物（即体表有毛、能分泌乳汁哺育后代的生物）在地球所有生物中也只占一小部分。已知的哺乳动物只有约 6000 种，各种蝙蝠就占去五分之一。哺乳纲之下的灵长类动物种类不多，其中类人猿更少，智人在当中数量最多。智人是仅存的属于"人类"的类人猿，已经在地球的土地上游荡了几百万年。

历史上，人属的成员除了智人，还有其他种类，但学界一直无法就明确数量达成共识。其中有的是 21 世纪头几年才发现的，例如印度尼西亚的弗洛勒斯人，因为身材矮小，又称作弗洛勒斯岛霍比特人，还有纳勒迪人，体形稍大，2013 年在南非一个迷宫般的黑暗洞穴深处被发掘。两者与我们的智人祖先就算没有在同一空间共同生活，在时间上也有所重叠。然后是丹尼索瓦人，我们只找到了一颗牙齿和几块骨头，但已经破译了整个基因组。这些人属动物还没有确切的物种分类，因为我们对生物的分类依赖于解剖学，而这些遗迹不足以提供解剖学的分类证据。通过研究，我们知道以上人属动物的 DNA 与我们智人和其他已知的人类都不同。在迷雾般没有结论的研究中，一个清晰的事实是：智人是人类唯一现存的物种，并且我们也几乎不可能再分化出新的物种以至于出现生殖隔离，所以未来我们也将是最后的人类。

表面上我们超越所有其他的人类物种，成功存活了下来，但好奇的外星科学家会看到，到目前为止，我们并没有持续生存太长的时间。我们所属的类人猿群体已经在地球上存活了 1000 万年，但现代人类只有 30 万年的历史。我们有时会用调侃的语气谈论恐龙的灭绝，可那时高速向它们砸下的陨石跟整个巴黎一般大小，如此规模的星际撞击 6600 万年来前所未有，是我们不曾面对过的灾难。相比之下，它们在地球上的生存时长远超我们。事实上，恐龙的存活时间极长，在时间轴上，人类与霸王龙的距离比霸王龙与剑龙的距离还要短[①]。

外星科学家在总结所有生物行为的普遍规则时，会看到各种不同的能力和生活方式。但即使是最肤浅的观察，也会发现一种无法忽视的人类行为：我们花大量的时间、精力和资源，试图去触摸别人的生殖器。

如果我们这位外星科学家不是有性物种[②]，它一定会对观察到的一切感到疑惑。外星科学家会发现，在大多数情况下，人类分为两种不同的性别（尽管在整个历史和每一种文化中，都有一些人在生物学上或自己选择处于两者之间）。很大一部分人类在生命的头十年没有特别表现出对性的兴趣，而进入第二个十年后，几乎所有人都会对此产生兴趣。外星人喜欢研究数据，它观察到，开始表达兴趣后，大多数人在一生中会有不多于 15 个的性伙

---

① 粗略计算如下：恐龙存活时间跨越了 2.5 亿年，直到 66 mya（mya 为生物进化学常用时间单位 million years ago 的缩写，意为……百万年前），其中剑龙 155—150 mya，霸王龙 68—66 mya。

② 很多复杂的生物体并非如此。例如，轮虫是微小的蠕虫，只有十分之一毫米长，几乎在有淡水的地方都能找到。数以百计的轮虫物种都是雌性，它们在约五千万年前放弃了雄性这个性别，认为没有必要。人家似乎活得也挺好。

伴①。外星人还注意到，人类喜欢触摸自己的生殖器，几乎所有能够自慰的人类都会自慰。

因此，从局外人的角度看来，性是一种极其重要、充满活力的人类经验。海洋中的生物很久以前就已经能够做出触摸生殖器的动作，比任何隐约有毛的生物在陆地上行走还要早，甚至比树木存在、现今的大陆形成还要早。外星人看到了一种约 4 亿年前的泥盆纪鱼类：巨大凶猛、身披盔甲、牙齿尖利的邓氏鱼，它们会采取腹侧倒立的姿势交配，也就是古鱼类版本的传教士体位，许多鲨鱼今天仍然采取这个体位。像许多存活至今的鱼一样，雄性鲨鱼在腹部两侧有一对相当结实的"交合突"，可以插入并牢牢挂在雌性身上，完成体内受精。

不管是人类还是其他动物，两种性别任意组合，都可以发起生殖器触感的狂欢。其中插入式性行为由来已久，而人类至今仍对它情有独钟。统计学家大卫·斯皮格豪特研究了我们性生活的次数，据他估算，仅在英国每年就有 9 亿次异性性交行为，每小时约 10 万次。如果我们把这个数字推算到 70 亿人身上，每分钟大约有 166 667 次。

外星人一定很疑惑：为什么这种双足生物会如此大规模地进

---

① 同样，关于这类问题没有足够详细的数据，但我们已知的也相当有启发性。根据数学家汉娜·弗莱的算法，异性恋女性自称的性伴侣平均数量约为 7 个，异性恋男性约为 13 个，但她指出，有些人（尤其是男性）声称有数千个性伴侣，这种情况下，取平均数并不可靠。我们还知道，女性倾向于逐个清点，最后报出具体的数字，而男性倾向于想到某个数字后，往上添加到最近的五的倍数。两者都是有效的估算，但女性容易低估，而男性则容易高估最终的数字。有点意思。

行这一类身体交流？

当然，每个人都知道这个问题的答案：性是为了生殖繁衍。对所有有性物种来说都是如此。卵子和精子内的遗传物质互相组合，如种子一样孕育出同一生物的全新版本，新老版本有微妙的不同。性行为的主要目的是制造婴儿。雌性希望与雄性发生关系，雄性也希望与雌性发生关系。繁衍的目的和两性相吸是进化的重要支柱，但细究起来，内中大有乾坤。

我们都知道，人类的性行为并非都是为了生孩子而进行的，我们做这事还有其他浅显的原因：为了享受愉悦，为了亲密关系，为了感官刺激。我们的外星科学家看到人类的性行为频率之高，为此付出的努力之大，却无法由此得出以下结论：任何性行为之后，人类都会怀孕并生育一个小小的人类。在英国，每年约有 77 万名婴儿出生，如果我们把流产和堕胎计算在内，每年的受孕次数会上升到约 90 万。

这就是说在英国，每 9 亿次性行为中仅 0.1% 的结果是受孕。在每千次有可能产生婴儿的性行为中，只有一次真正产生了婴儿。统计学通常认为如此低概率的数据无关紧要。此外，这种算法只计算了异性的阴道插入式性行为，如果包括同性性行为和像自体性行为那样不能导致怀孕的性行为，那么人类性行为的数量就会使其繁衍的目的看起来特别渺小。我们真的可以说，人类的性行为是为了生育吗？

与其他生物不同，人类的许多行为并不能直接提高生存能力，因此自然选择的枷锁已经有所松动。在过去的几千年里，人类的进化依靠两种力量的复杂合作：一种是我们基本的生物学动力，另一种是我们用思想、劳动和创造力构建的文化。这意味着，人类原本只是延续基因的容器，但与之前相比，这种繁殖的动力已不再简单和稳定。

然而，人类是多产的物种，这是无可争辩的。地球上现存的人比历史上任何时候都多。1977 年以前，所有的人都是男性和女性发生性关系之后出生的①。维多利亚时代初期（19 世纪初），世界人口达到了第一个 10 亿，1927 年达到了第二个 10 亿。第二个 10 亿和第三个 10 亿，再到今天存活的 70 多亿人口之间，时间差已经变得越来越小。这主要是由于我们已经能更好地医治疾病、降低婴儿死亡率、延长寿命，而不是因为进行了更多性行为。有效避孕措施的普及似乎并没有明显减缓人口增长，但使我们能在现有的资源和对性及生育的渴望之间探求平衡。要获取 21 世纪性生活的统计数据都很困难，更不用说过去了，但似乎没有迹象表明我们性生活的数量有明显增加。

谈到性，无论何处，以生育为结果的性行为和其他性行为相比都少之又少。如果把人类的性生活与自然界其他动物做对比，

---

① 路易丝·布朗的母亲在 1977 年 11 月接受人工授精手术，隔年 7 月，路易丝出生，标志着体外受精技术的出现。这仍是由女性和男性提供的卵子和精子进行结合，所以依然是有性生殖。有研究估计，此后有超过 500 万的试管婴儿出生。不时有人问我，体外受精，特别是通过"植入前遗传学诊断"筛选没有某些疾病的胚胎，是否会对人类进化产生重大影响。我认为答案是否定的，因为试管婴儿数量相对较小，而且代价高昂，只有一小部分人类可以选择这种技术。

问题就变成了："人类这样正常吗？"我们花了这么多时间进行性活动，却很少能生出孩子。性是一种生理需要，可我们对性的兴趣显然已经进化到远超基本的动物本能的程度。人类仍然是动物，可我们对性的痴迷是否已使我们变得与其他动物不同？

生命之初

我们从有性繁殖的基础讲起吧，这些知识看似简单，实际极其纷繁复杂。接下来有些性行为的描述听上去应该很熟悉，有些则希望大家不那么熟悉为妙。为了研究人类性行为的复杂性，我们先转换视角看看其他动物的性行为吧。

有性生物很多，大致可分为两类。第一类是有两种性别的物种——即我们传统意义上的雄性和雌性。在哺乳动物中，性别由DNA 染色体决定。我们从父母双方各继承一套染色体，共 46 条，即 23 对。其中一对染色体有一半的概率是不匹配的：雌性有两条 X 染色体（XX），雄性则有 X 和 Y 各一条 (XY)。雌性的卵子含有一组染色体，其中包括一条 X 染色体，而雄性的每个精子都含有一组染色体，有的精子含有 X 染色体，有的含有 Y 染色体。在爬行动物、鸟类和蝴蝶中，情况则正好相反（字母标识也不同：雄性为 WW，雌性为 WZ）。

但这并不是决定性别的唯一方式。有些动物的雌雄不是由某些染色体而是由受孕地点决定的：很多爬行动物的性别取决于温度，也就是说，一摄氏度的温差就能决定蛋中动物的雌雄。有些爬行物种的一窝蛋里，处于中心位置的蛋稍微暖和一些，就会发育成雄性。新西兰有种奇怪的爬行动物叫喙头蜥，暖和的蛋会发育成雌性。对鳄鱼来说，特别热或特别冷的蛋会成为雌性，不冷不热的蛋会成为雄性。情况很多，人类的方法只是制造雄性和雌性的无数种方式之一。

第二类有性生物大多是蘑菇和其他真菌，拥有几十甚至几千种性别，我们通常误认为它们不是有性生物。它们有所谓的"交配型"，也就是与其他个体不同的 DNA 片段，可以向潜在配偶传达这样的信息：我们的差异已经大到一定程度，因此我们可以发生性行为。蘑菇很难找到配偶，一是它们行动相当缓慢，二是性行为并不经常发生。如果你是一朵蘑菇，好不容易碰上另一朵孤独的蘑菇，但是人家恰好与你的"性别"类型相同，那就太悲惨了。所以说，拥有尽可能多的选择才好，最好是能和除了你自己那一类以外的其他类型多多交配。

在蘑菇以外，大多数有性生物雌雄同体。真菌本身已经够让人眼花缭乱了，涉及雌雄两性的生殖方式则更是多样，令人迷惑。阴茎插入阴道只是两性生殖的一种方式。这是一种古老的技术，上文提到的史前邓氏鱼就是例证。许多昆虫，比如臭虫，并不在意具体的插入位置，雄性会用非常尖锐的镰刀状插入器（相当于阴茎）刺穿配偶的腹部，精子通过雌性的体内器官找到卵子。我们称其为"创伤式授精"。

很多动物压根不进行插入式性交，而是进行体外受精。许多鱼类都是如此。雄性和雌性帝王鲑将它们的精子和卵子排到水中，包裹着卵子的卵巢液就像挑剔的过滤器，而有些精子能更快地游过这种凝胶。卵巢液的过滤功能或由雌性的基因决定，可以为雌性选择基因上最适配的、最强的游泳健将。鸟类往往没有阴茎，它们通过"生殖器之吻"使精子和卵子在泄殖孔附近混合，并被雌鸟吸收到体内。大多数鸟类都这样受精，但也有例外。雄性南美硬尾鸭的阴茎呈螺旋形，雌性也有螺旋形的阴道，两个螺旋形扭曲的方向相反，雌性因此能在一定程度上选择交配对象。

围绕生殖权的竞争十分激烈，因此雄性的某些性行为并不只是为了使雌性受孕，还为了确保受精卵是自己的后代。所有对抗型体育比赛都有防御性和进攻性策略，对于动物来说，防御性策略的例子是：许多雄性生物会使用"交配栓"，即某种物理屏障，能够在交配后阻塞雌性的生殖通道，从而防止另一雄性得逞。进攻性策略的例子如下：有些雄性苍蝇会排出有毒的精液，以消灭后来者的精子。有的雌性鱼类和苍蝇会将不同雄性的精子储存在体内，并根据交配的先后次序和雄性的等级选择最合适的精子孕育后代。最简单的方法是雄性在交配后赖着不走，甚至在交配期间也牢牢"锁死"对方。狗就是这样的，我们有时会看到公狗趴在母狗背上，两只狗公然以这样的姿势在公园晃荡半小时之久。

那是因为狗的阴茎上有一块凸起的组织，名为"茎头球"，可以在公狗射精后持续膨胀，使阴茎固定在阴道内一段时间。这样做最直接的效果就是防止其他雄性采取同样的姿势。这一技巧并不精妙，但相当有效。

雄性和雌性有很多方式进行性行为，但许多动物并不是非雌即雄。以拥有两种性别为特征的有性繁殖并不意味着一定要两个生物参与繁殖，也不一定需要一雌一雄。许多生物雌雄同体，开花植物就是如此，同一株植物上有花粉和胚珠，相当于植物学中的精子和卵子。有性繁殖最早的记录是一种石化于10亿年前的古代红藻，在今天的加拿大页岩区被发掘。我们可以在化石显微切片中看到它的有性孢子，相当于精子和卵子。

特殊情况下，雌性科摩多巨蜥能够进行孤雌生殖，意即在不与雄性接触的情况下怀孕，堪称动物界的"圣灵感孕"。这样出生的后代缺乏父亲的性染色体，所以全都是雄性。科摩多巨蜥相当孤僻，很难遇到潜在伴侣。如果雌性巨蜥实在遇不到雄性，就会与自己的儿子交配。但这对后代十分不利，是无可奈何的办法。如果长期没有来自父亲的新遗传信息，它们很快就会陷入近交衰退的危险境地。

有些生物的交配过程非常戏剧化，比如扁形虫。两条雌雄同体的海扁虫一受到大自然的繁殖召唤，就会相互缠绕，短兵相接，进行肉搏，这在科学上被称为"阴茎击剑"。哪条虫赢了，就用带刺的性器官刺入另一条虫的头，胁迫战败方扮演女性角色，接收精子并携带受精卵。生产精子比生产卵子容易，孕育后代则更加困难，因此，战胜方一身轻松，可以再找一条虫大战一番。真够浪漫的！

在伟大的生命树上，扁形虫可以说是离我们最远的动物。但与人类关系更近的，包括哺乳动物，也会有"阴茎击剑"的行为。大量鲸鱼以这种方式亲密交流，与我们更为亲近的"表亲"倭黑猩猩则以此解决冲突、建立友谊，甚至对即将吃到的食物表达兴奋——只是摩拳擦掌而已，没到插入的程度。

隆头鱼、石斑鱼和小丑鱼是顺序性雌雄同体。鱼群中往往有严格的社会等级制度，孕育整个鱼群的雌鱼占主导地位。如果雌性小丑鱼首领不在了——也许被吃掉了，鱼群中不再有它的荷尔蒙，那么这时最大的雄性就能实现社会等级的上升，自发地彻底改变性别。它的睾丸会萎缩，并长出卵巢，短短几天由雄转雌。这条雌鱼会变得更大，替代原先的首领[①]。

自然界的社会结构对性别的组织方式影响很大。蜜蜂、黄蜂和蚂蚁有两种性别，但平等意识远不及蜂巢意识成熟。雄性只携带一半的基因组，且只负责两项工作：保护蜂后（或蚁后）和整个群落，以及听从雌性调遣完成交配任务。它们说白了就是性奴。

[①] 2003 年皮克斯和迪士尼合作发行《海底总动员》，电影开篇就是鱼群的首领尼莫的妈妈不幸身亡。主角尼莫是鱼群中最小的，也是唯一剩下的后代，它被父亲抚养长大，之后开始了一场激动人心的冒险。这部电影在生物学上的准确版本是父亲马林变成女性，然后与自己的儿子发生了关系。但我想这将是个完全不同的故事，可能不会太受欢迎。

这些昆虫似乎离我们的族类很远，但离我们较近的两种哺乳动物也使用类似的组织系统。裸鼹鼠和达马拉兰鼹鼠的社会结构中，有一个能孕育后代的鼠后和几个与之交配的雄性，剩下的都是没有生殖能力的雄性工鼠，有的是隧道工，有的是士兵。

性奴的待遇再差，也比雄性澳大利亚红背蜘蛛好。它们的进化策略是为伴侣提供终极晚餐：雄性在向接受它的雌性排出精子后，就会立即被吃掉。这样一来，雌性可以摄取丰富的营养以培育后代，而雌性全神贯注地进食时不太可能与另外的雄性交配，前任的遗腹子因此得以存活。这种策略被称为"性食同类"，与性有关，但称得上是史上最不性感的现象。

另一种动物求偶模式没有这么耸人听闻。在有社会分层的生物群体中，雌性偶尔与非首领雄性交配是有好处的，但这种行为对次等雄性来说并不容易，有时甚至会丧命。为了分散强势雄性的注意力，好在短时间内偷偷交配，动物们纷纷使出花招。家燕会从空中发出威胁警报，上当的鸟儿们四散而逃，躲避这子虚乌有的攻击，得逞的骗子则会谨慎又争分夺秒地进行交配。哀悼墨鱼是这方面的高手。低级别的雄性会找机会与雌性安全地发生性行为，并将其面向高级别雄性的一侧体表变为雌性的花纹，假装不会对其造成威胁。狡猾的两面派获得了接触雌性的潜在机会，又不会惹祸上身。这种令人发指的欺骗行为被称为"偷窃性交配"但没什么人使用这个词。伟大的进化论生物学家约翰·梅纳德·史密斯给它的名字更加简单好记，也在进化论界流传极广：骗炮混蛋策略。

以上这些行为与人类有相似也有不同。你可能会被恶心到，也可能会发出赞叹。如果在人类身上也看到这些行为的影子，我们在理论上很容易误认为它们与人类有共同的祖先和进化路线。得出这样的结论一定要慎之又慎，因为雄性和雌性参与繁殖古已有之，但各种生物具体的操作细节很可能相互独立。某些动物和人类的性行为看起来相似，却不一定同源。

当然，数量最多、最成功的生命领域——细菌和古细菌——根本没有性行为，而只是进行二元裂变，一分为二，把基因延续到未来①。兽类（以及植物和真菌）的有性繁殖显然是帮助进化的"好技能"，它经历了多种方式的演变，所以有的让我们觉得熟悉，有的则完全陌生。

---

① 基因在细胞间传递是性行为的一种版本。一个细胞伸出性菌毛（pilus，拉丁语意为"矛"），将一小段 DNA 传给受体细胞。这个过程被称为"水平基因转移"，正是它造成了人类目前的抗生素耐药性危机。单个细胞中一旦演化出某种有用的特性，比如对本来致命的药物出现耐药性，就可以迅速和随意地在细胞间传递。出于同样的原因，约 24 亿年前，复杂生命出现之前，生命树的根部并不像树根，没有明显的分支而呈复杂网状，其中流动着地球上数十亿细胞的基因。

求人不如求己

性的原始目的是繁殖，然而我们在上文讲到，尽管大自然中的动物有千百种方式繁衍后代，性行为只在极少数情况下产生后代。那么问题来了：为什么有如此多不会孕育生命的性行为？

开花植物和轮虫动物会自我受精，科摩多巨蜥在极少数情况下也能做到，但是人类没有这个技能，就算自慰也不会导致自我受精。

关于自慰，多年来有不少调查，调查方式、问题设计、受访者年龄范围等许多变量各有差异，但几乎所有调查都表明，大多数有性能力的人在过去一年里有过自慰行为。一些民意调查显示，同样的时间范围内，90%以上的男性有此行为。我们在分析统计数据的时候，可以把受访者分成若干组别逐个分析，但在这里我决定选用《美国国家性健康和行为调查》的保守数据：报告称，除去三个年龄组①，男性和女性在过去一年至少单独自慰过一次。

自慰的精确数据难以通过调查来获得，这源于长期以来社会对自慰行为的污名化②。伟大的古希腊解剖学家盖伦曾建议女性借自慰来缓解身体的紧张，但这种观点显然没有被17世纪的英国作家和政治家塞缪尔·佩皮斯接受。他在一本秘密日记③中记录了自己的自慰行为，态度并不那么自在，用词也非常隐晦。始自18世纪初的很长一段时期里，欧洲的教会视自慰为巨大的罪恶，另一些人则认为它不利于健康。瑞士医生萨缪埃尔·奥古斯特·蒂索1760年在一篇很有影响力的论文中论述了自慰的深刻危害，他断言：失去1盎司（约30克）精子比失去40盎司血更危害健康。这样的观点自然是无稽之谈④。19世纪的美国医生约翰·哈维·凯洛格是早餐麦片的创始人，但他同样也为男性体液精华的排放操碎了心，不但发明了玉米片和其他食品来帮助男性与自渎做斗争，还发明了一种令人菊紧的防自慰装置：内部带有尖刺的金属套，以防佩戴者勃起。

---

① 对于17岁以下的女性、60岁以上的女性和70岁以上的男性这三个组别，平均次数降到了0.5以下。引起不同调查结果的原因很多：面对面调查时这个数字会下降，以及在性行为方面，男性倾向于高估而女性倾向于低估各种数据。

② 关于这个问题，以及涉及人类性行为的所有问题，统计学家大卫·斯皮格哈尔特的精彩著作《以数字论性》（*Sex by Numbers*）是推荐必读书目。这本著作严谨、深入、透彻、可靠，而且极其有趣。

③ 塞缪尔·佩皮斯所著《佩皮斯日记》。——译注

④ 蒂索在《自渎》（*L'Onanisme*）一书中还写道，自慰会导致"力量、记忆甚至理性明显减弱，以及视力模糊，所有的神经紊乱，所有类型的痛风和风湿，生殖器官的衰弱，尿血，食欲紊乱，头痛和大量其他疾病"。如果你真有任何以上症状，请及时就医。

那些誓与自慰斗争的人无异于蚍蜉撼树。无论准确的数字是多少，我们完全可以认为，大多数有能力自慰的人都会自慰。

但自慰肯定不限于人类。这种行为在自然界中非常普遍，我们可以轻松地列出许多会自慰的动物。我将在下文简要地描述几个最有趣的例子。

许多家长在动物园里都会遇到一个尴尬时刻—— 某雄性灵长类动物在众目睽睽之下自慰，于是家长不得不仓促地向孩子解释（或者干脆转移孩子的注意力）。已知灵长类动物中，约80种动物的雄性和约50种动物的雌性会频繁自慰。如果有灵活的双手，自慰会更容易，但其实手并非必要，许多被人类囚禁的鲸类动物会用生殖器摩擦坚硬的物体，直到射精。雄性大象的阴茎可以做出缠卷的动作，好在雌性大象长而弯曲的阴道内控制方向，利用这个优势，年轻的雄性大象会用阴茎有节奏地撞击自己的腹部进行自慰。雄性阿德利企鹅在没有伴侣时会旋转和摩擦地面，然后把种子播撒在南极冰原之上。

人类的自慰行为如此普遍，简单来说就是因为它能带来快感。我们无法问动物是否喜欢自慰，也很难通过任何方式评估愉悦的程度。那么，它们为什么自慰？

厄瓜多尔科隆群岛的海鬣蜥的答案是自慰有利于生殖。雌性海鬣蜥每季只交配一次，而雄性需要三分钟才能射精。体形更大的雄性常常不等体形小的雄性交配结束，就把它从雌性背上一把拽下来。但小个头的雄性自有妙计，它们在交配前就通过自慰射精，并把精子储存在特殊的小囊里，被大个头欺负时，它们就可以速战速决，迅速把囊中的精子送入雌性体内。

当然，也有很多自慰行为对生殖没有直接帮助，学术文献中为解释这类行为提出了几个有趣的观点：有人认为，自慰可以释放额外的或不需要的精子；还有人认为，自慰射精可以展现性吸引力，比如非洲的转角牛羚闻到雌性发情的气味后，会在交配前射精以展现自己的魅力。雄性南非地松鼠则相反，它们会先与雌性交配，然后自慰。这些松鼠的性生活非常活跃，尤其是高级别的雄性松鼠。对这种行为的最佳解释是：交配后自慰是出于卫生方面的考虑，如此雄性可以通过冲洗输精管来避免性传播疾病。

上文这些例子看似符合现有的进化模式，但如此大量的自慰行为是说不通的。科学研究似乎不大愿意考量"享乐原则"，即动物做出某种行为仅仅是为了愉悦。也许这是因为包括快乐在内的所有情绪都发生在我们的头脑中，而我们很难了解其他生物的感受。人类可以通过语言来表达快乐，可以明确地说"这感觉很好"，我们也相信这种感觉是真实的。而动物的情绪只能通过外在表现引人猜测。你也许觉得它们的快乐已经表达得足够明显：猫在被抚摸的时候满足地打呼噜，狗对着主人热情地上蹿下跳。我们用几千代的培育将这些特征转化为驯养动物的一部分，或者说表达和寻求这种快乐只是出于物种间的互惠。这两条解释情感存在的理由非常合理，但都和动物的情绪是否真实无关。致力于科学地评估动物情绪的实验很少，曾经有实验测量啮齿动物失望和遗憾的情绪，还有研究表明，老鼠喜欢被人类挠痒痒。它们会发出一种听起来很像笑声的超声波，并且会自发地跳跃，这种特别的跳法被称为"freudensprünge"，字面意思就是"高兴地跳起来"。不过据我所知，我们还没有针对以下问题对动物进行过研究："自慰会让你觉得舒服吗？"

我猜测人类将自己与自然界的其他部分做区分时，内心希望有的行为是人类专属，而不愿意接受动物在类人的行为背后（至少有时）也有与人类相似的感觉。在科学中，我们喜欢归纳观察到的各种现象并找到普适的规则。我们反对拟人化的解释，我本人尤其对过度依赖适应性的解释感到愤慨，因为这种解释太简单直观，也过分乐观了。当然，大量非生殖性行为确实有进化策略的支持，有些自慰行为很容易被纳入其中。但自慰行为实在太普遍，而且至少在哺乳动物中极具创造力，一般的适应性理由不足以解释。

急诊室的医生有时会讲起病人的趣闻，有些非同寻常的伤害就是由令人迷惑而富有想象力的自我刺激方法造成的。伟大的美国生物学家阿尔弗雷德·金赛自20世纪50年代开始对性行为进行科学的、坦诚的调查，其中就问到男性自慰——包括将物体插入尿道。我们不应该随意评判这种行为，而要说足智多谋，还得羡慕鲸类哺乳动物的智慧：曾有报道说，一只雄性海豚自慰的方式是将电鳗缠在阴茎上。

口活儿

性行为并不局限于生殖器。口腔是个复杂的生理器官，有各种机械特征，有颚部、嘴唇、舌头、牙齿，还有发达的神经系统，我们因此能充分感受触觉、温度和味道。这些特征意味着口腔不仅仅可用于进食或交流，还能用于行动，其中便包括进行性行为。然而不论翻阅情色历史文献，还是追溯希腊和罗马的古典艺术，都难见关于口交的描述。难不成古人对卫生的要求让他们有所顾虑？正如前文提到的，要找到这方面的数据十分困难。近期一项超过4000人参与的调查显示，84%的成年人曾经进行过口交（当然了，无论对象是男性或女性，进行口交都不会令人怀孕）。如此高比例的口交现象是否仅限于人类呢？像之前一样，答案非常明确：并非如此。

我们先来看一种受限于生理结构的口交。亨利·哈维洛克·艾利斯在1927年出版的著作《性心理学》中写到关于山羊的趣事：

一位对山羊了如指掌的专家告诉我，山羊有时候会进行自我口交，即舔舐自己的生殖器以达到高潮。

如果你能自我口交，那真称得上技艺高超了。尽管这项行为对人类的生理挑战极大，《金赛报告》发现 2.7% 的男性回应者曾经成功地自我口交。我上学时有个广为流传的谣言，说摇滚巨星普林斯被性欲冲昏了头脑，居然通过手术移除了一根肋骨，以便自我口交。在人类文化中，自我口交的概念古已有之，甚至和人类的起源有所关联。所有的社群都有起源神话，其中基督教的传说显得十分平凡：宇宙从无到有，红土塑成亚当。古埃及的神话则更为精彩：创世神亚图姆自我口交后，吐出的精液变成了风神和雨神。如此看来，人类对于自我口交的想象已经有很长一段时间了。

以生理结构来看，男性自我口交已实属不易，女性自我口交就基本上不可能了。我目前在研究过程中还没有找到这方面的学术文献。无论如何，口交在人类伴侣之间十分常见，是一种不会导致怀孕同时很受欢迎的性交方式。我们这么做当然是因为它能带来愉悦感，但不是只有人类才通晓其中奥秘。许多动物也会进行口交，但我们很难洞察其背后的原因。异性动物之间的口交十分普遍，最令人惊奇的要数短吻果蝠。它们倒挂在树上，采用雄性在后的体位，雌性短吻果蝠会在性交时舔舐雄性的阴茎。这么做的好处可能跟人们的常识正好相反：不会缩短，反而会延长性交的时间。很多研究都为这种现象给出了科学的解释，可惜没有任何一种理论认为"它们能做就做喽，开心需要理由吗"。延长性交时间可以提高受孕率，也是一种"配偶保卫"策略，以防止其他雄性有机可乘。短吻果蝠的口交或许也是种防止性病传播的好方法。它们的唾液可能含有抗细菌、真菌的成分，用作雌性生殖器润滑剂的同时，也阻断了衣原体感染和其他的性传播疾病，不失为一种安全性行为。

第二个例子只能勉强算作口交，因为严格来说，鸟类的"口"应该称作"喙"。雄性林岩鹨常常通过啄雌鸟的泄殖孔来移除情敌的精液。这些小鸟看起来平平无奇，但是一天之内能性交近百次。太不可思议了吧。告诉你一个小秘密，它们每次性交的时长只有十分之一秒而已。

以上两个例子让口交看起来充满了功利性，并且一点儿也不温柔。我们再来看看熊类的第一例口交记录，也许你的想法会有所改观。这份研究详细记录了两头雄性棕熊的口交行为。它们生活在克罗地亚的萨格勒布动物园，没有血缘关系。两头熊每天多次进行口交，到2014年研究发表时已长达六年之久。它们中的一头总是给予方，另一头为接受方，并且每次步骤几乎相同：给予方走向侧躺在地的接受方，将接受方的后腿分开开始口交，通常还伴随着哼鸣，直到接受方肌肉痉挛并射精，整个行为一般持续一至四分钟。这种行为在熊类中可能不是常态，我们还没有观测到野生熊类的口交行为。这两头熊从小失去父母又被豢养，所以研究人员猜测，这也许是对缺失母乳吮吸的一种补偿。不论它们的口交因何而起，这种行为之所以持续进行，似乎足以说明口交能够给动物带来愉悦。

我们人类进行口交正是因为它令人愉悦，前面提到的其他动物自慰的例子也能佐证。然而科学家们似乎不愿意相信动物和我们一样，会出于愉悦进行不以繁殖为目的的性行为。我们很难说这种不情愿是否有道理，但像克罗地亚棕熊这样的例子的确很少，大多情况下对动物口交的科学解释无法合理地包含"愉悦"。有些动物的行为（包括性行为）也许就是为了追求愉悦，我们需要接受这种可能性，同时也要提高鉴别力。在这方面的科学结论出现之前，我们暂且认为性愉悦大多情况下是人类独享的吧！

爱，无处不在

自慰、口交、自我口交……非生殖性行为的例子不胜枚举。自然界中性行为的狂野聚会超乎想象，花样百出，令人目不暇接。关键在于，对于大多数动物，包括我们人类，性已经进化到不仅仅是一种生殖行为了。这并不是说这些行为的目的大同小异，也不是说类似的行为根植于相同的进化起源。其中一些动物的行为（特别是许多自慰行为）像我们一样，似乎仅仅因为愉悦而存在。我们不应该错误地认为所有的行为都有特定的进化功能，动物也可以享受感官刺激：老鼠喜欢被挠痒痒，猫喜欢打着呼噜被人爱抚，克罗地亚的那对棕熊看起来也很享受彼此的互动。

人类进行大量的性行为，大部分不是为了生殖，其中一些在动物中也时有出现。几乎没有争议的是，人与人之间健康的性生活有助于亲密关系的形成和稳定。这种关系可能是同性恋或异性恋，一夫一妻或多个配偶，或其他我还没有想到的组合。因此，虽然性快感是性行为达到如此量级的重要原因，许多情况下它的次要功能是加强社会联系，尤其是伴侣之间的联系。除我们之外，只有一种动物大规模地进行性行为，热情比肩人类。伦理学家和心理学家想知道：它们是出于类似的动机（性快感）而这样做吗？目前类人猿共有五名成员：人、大猩猩、猩猩、黑猩猩和倭黑猩猩。倭黑猩猩与黑猩猩非常相似，它们曾经被称为"侏儒黑猩猩"[①]，在20世纪50年代才被划分为独立的物种。倭黑猩猩的个头并不明显小于它们的黑猩猩表亲，二者在形态上有差异，但差异不大。倭黑猩猩是树栖动物，只在刚果民主共和国刚果河边的一片森林区域小规模群居，那里现存的倭黑猩猩不到一万只。它们通常没有黑猩猩那么肌肉发达，肩部较窄，手臂稍长，形象更纤细，有粉红色的嘴唇和深色的脸，毛发茂密并常常留着整齐的中分。

和所有的类人猿一样，倭黑猩猩的社会高度结构化。但不寻常的是，倭黑猩猩的社群是母系社会。占主导地位的雌性统治整个群体，雄性的等级地位根据与高级别雌性的关系确定。倭黑猩猩群体关系紧密，雌性会对雄性施加控制，手段包括发起攻击和要求交配等。另一个对灵长类动物来说不寻常的特点是，随着雌性成员的成熟，如果首领允许，它们会离开原生的群落，到新的

[①]"倭黑猩猩"的中文命名和它的英文旧称"侏儒黑猩猩"意思非常接近，"倭"意为矮小，但因为黑猩猩和倭黑猩猩间的物种差异过大，"矮小"这一意象在英文命名中已被弃用。——译注

群落中定居。

雌性倭黑猩猩之间表达亲密关系的方式之一是激烈的生殖器接触，在科学文献中，这被称为"性器官－性器官摩擦"。两只雌性倭黑猩猩会靠近彼此，有节奏地摩擦可能是阴蒂的区域，时间长达一分钟，直到阴蒂充血肿胀，有时参与者还会发出尖叫。这样的生殖器接触频率有高有低，但有观察记录表明大约每两小时一次。在倭黑猩猩文化中，雌性之间的性互动十分常见，这也是雌性努力融入新社群的主要方式之一。

倭黑猩猩一定是所有动物中性欲最高涨的物种。"性器官－性器官摩擦"并不限于雌性之间，它可能发生在任何组合中，不分性别、年龄，甚至性成熟度：雌性与雄性，雄性与雄性，或者与婴儿都可能出现这种行为。雄性常用骑乘的姿势，不是面对面，而是交叠面向一方，进行生殖器接触。它们有时也会面对面"阴茎击剑"，通常这种情况下双方都挂在树枝上。

对人类性行为的统计需要相当程度的猜测，但我认为合理的假设是，每天与多人进行多次性接触并不常见。然而，对于倭黑猩猩来说，这再正常不过了。

倭黑猩猩的性接触如此频繁，但雌性怀孕和生育后代的速度与黑猩猩差不多：每五六年一胎。我们粗略计算一下：假设五年内每天有十次性行为（此频率与观察记录相符），在此期间生育一胎，这意味着约 18 250 次性行为中有一次会产生婴儿。前文对人类的统计数字是，每 1000 次性行为中有一次可能产生婴儿（这里使用的是不完整的数据）。我们虚构的外星科学家最终可能会发现：数字上有差异，但它确实表明，人类与其最近的表亲有着相似的行为模式，即二者都已经明确地将性和生殖分开了。

人们对倭黑猩猩的性生活做过很多研究，这可以理解，因为它们是我们进化上的近亲，而且性生活方式似乎比蝙蝠或鼹鼠等更接近人类。由于它们频繁高潮，有人说它们生活在践行"要做爱，不要作战"的嬉皮士公社里。这种愉快的气氛与黑猩猩的文化形成鲜明的对比，后者是雄性掌权，生活中充斥着暴力和谋杀。然而，事实向来比表征复杂得多。

雄性黑猩猩为争夺地位互相攻击，并通过杀戮来巩固地位。我们在倭黑猩猩中从未观察到这种情况。在倭黑猩猩群落中，雌性占主导地位，雄性的地位与母亲的地位有关，它们终其一生都十分依赖母亲，与母亲保持密切联系。不过，认为倭黑猩猩是爱好和平的猿类——对它们来说，性可以温和地解决一切问题——这种观点不完全正确。

我们已经在野生倭黑猩猩中观察到过致命的攻击行为，而且很多关于倭黑猩猩的伦理学研究都是在动物园这样的非自然栖息地进行的，非自然的环境可能会使结果出现偏差。这类环境有时能人为制造出优势极强的雌性，它们在冲突中可能会表现出极端暴力。动物园里常有些雄性倭黑猩猩缺手指、少脚趾，而在德国斯图加特动物园，有只雄性倄黑猩猩连阴茎都被两只高等级的雌性咬掉了一半。

我们忍不住会用人类行为解释相似的动物行为，也容易认为人类的非生殖性行为与我们的进化起源有关。然而，这方面的证据并不令人信服。我们无法得出人类的非生殖性行为与在倭黑猩猩、猴子、海豚、水獭或（下文即将讨论的）泰加蜥中观察到的始于同一进化根源的确凿结论。倭黑猩猩不是我们的祖先，黑猩猩也不是。

通常来说，我们研究在进化上与人类最近的表亲时，是希望以这些物种的行为解释我们自己的行为。类人猿之间的关系比类人猿与水獭等物种的关系更加亲近，但类人猿并未从彼此进化而来。其中，黑猩猩、倭黑猩猩和人类有共同的祖先。倭黑猩猩的进化史非常有意思。刚果河像蜿蜒的巨蛇一般穿过非洲中部，倭黑猩猩生活在刚果河的左岸。直到最近，我们才开始研究它们是如何到达那里的。我们知道，六七百万年前，在非洲的某个地方，人属和包括黑猩猩和倭黑猩猩在内的黑猩猩属进入了各自的进化分支。在非洲，那个时段留下的化石很少，但人属和黑猩猩属的最后一个共同祖先应合理推测为乍得人猿，它是人族，但比起人类更像黑猩猩。这是猿类进化史上一个混乱的时期，对于我们是何时何地、如何分化的，以及分化的过程是否简单明了，科学上并没有共识。

不过，一段时间后，我们的进化之路真正分化，黑猩猩和倭黑猩猩形成了一个独特的分支。就像我们可以通过研究DNA重构人口变迁的历史，我们也可以用同样的方法，即比较现存黑猩猩和倭黑猩猩的 DNA 来推测物种之间在何时曾经交配。研究表明，至少在 150 万年内，黑猩猩和倭黑猩猩之间没有基因流动。"基因流动"是科学上对性行为导致生殖的委婉说法。对刚果河两岸沉积物的分析表明，刚果河已有约 3400 万年的历史，并且足以隔绝大多数陆地动物以及任何可能的基因流动。气候变迁，潮汐涨退。大约 200 万年前，刚果河的河面一度低到能让部分新群落发起者涉水而过。这些渡河①开拓者被永久隔离在了对岸，出现了专属于倭黑猩猩的一切特征。

许多物种分支事件就是这样发生的：一支小分队从较大的群体中分裂出来，但最初不一定能代表整个群体中的变异物质。任何物种都可能在行为上被隔离，比如在不同的时间或地点采食某棵树的果实；也可能在空间上被隔离，比如穿过一条本来无法跨越的河流，再无回头路。

隔离之后，新的群体继续繁殖，它们建立的基因库会自由地朝某个方向发展。不难想象，在倭黑猩猩的第一代祖先中，有些细微的差异导致了性解放。黑猩猩在发情期会有明显的身体变化，包括肿胀鲜艳、格外惹眼的生殖器。这些特征在生育期更为明显，且雌性倭黑猩猩外表上显现的生育高峰期比它们实际的生育高峰期长很多。人类的生育高峰期通常在月经结束后的几天，但没有

---

① 我这里用了"transpontine"一词，在英语里表示"河对岸或桥那头"，是个带贬义的形容词。它出现在 19 世纪，形容当时伦敦泰晤士河南岸剧场的典型情节剧，其剧目常常剧情浅薄、耸人听闻。但此处我对河对岸的倭黑猩猩可没有贬低的意思。

令人信服的、肉眼可见的迹象[①]。倭黑猩猩在信号明显的生育期之外仍然活跃地进行性接触，这和人类的性生活有相似之处。可以想象，在倭黑猩猩祖先的创始群落中，自然选择可能放大了影响发情的自然遗传变异。

我对过度解释这类相似性持谨慎态度，但观察人和动物的相似性对于思考我们自己的进化的确至关重要。人属和黑猩猩属很久之前有共同的祖先，后来才在遗传上和行为上都分别进化，但我们与黑猩猩属的两个物种仍有相通的特征。对倭黑猩猩的遗传学研究表明，也许创始群落中微小的变化就会引发根本性的行为变化，并形成完全不同的种群结构，比如倭黑猩猩比黑猩猩的暴力程度低，它们通过性接触而非暴力来解决争端，确立社会等级。

我们不会如此频繁地进行性接触或使用暴力。倭黑猩猩很有趣，但它们的栖息地受地形限制，类似岛屿物种，而岛屿物种往往是进化中的异类。由于地理隔离，它们在遗传和行为上都可能很奇怪。岛屿物种的生活与我们人类的生活并不是毫无关系，但说真的，倭黑猩猩与人类的性生活实在太不同了，我们也不希望像它们一样，因为那样的频率听起来很累。与人类相比，性接触在倭黑猩猩群体中的功能非常不同。即使非生殖性行为的比例有

---

① 许多研究声称生育高峰期在身体和行为上有迹可循，比如乳房对称性、面部红热度、体味、步态、服装选择等，但几乎所有研究的样本量都很少，或者研究方法有缺陷、不可靠。其中最有名的一项研究衍生出了无数不加深究、只顾博眼球的新闻标题，即脱衣舞俱乐部的舞女身处排卵期时收到的小费比其他时段明显要多。科学研究需要一定数量才能将观察转化为可用的数据，但这项报告仅收集了 18 名舞女约两个月经周期内的自述，任何严肃的科学家都会谴责其不够严谨。

一定可比性，并且在物种分化最初可能有类似的遗传基础，但二者的动机不同，后续的进化史也不同。我们不会为了解决冲突而触摸对方的生殖器，也不会以此作为同事间的问候，更不会以此表示对一顿大餐的期待，至少不会在一个崇尚礼节的社会中这样做。人类对性的喜好、怪癖和偏爱值得我们仔细研究，但还是那句话，答案可能仅仅是"感觉很好"。

同性恋

在所有性行为方式中，只有一种会产生婴儿。受孕这件事没有程度上的差别——要么可能，要么不可能。由于形成生物体本质上要求参与的双方性别不同，因此同性之间的性行为可以保证不产生婴儿。但在未来，两个卵子或两个精子可能通过基因工程被设计成适合形成胚胎的状态。两个细胞都要达到完全分化的成熟状态，DNA被重新洗牌并且总数减半，一旦遇到另一个匹配的细胞，就能凑齐整副牌，形成新生命。我们也可能很快就能让这种成熟过程倒退，重新引导一种细胞成为另一类型，例如，让精子倒退然后引导其成为卵子，反之亦可。这样一来，两个女人或两个男人理论上就可以孕育出具有同性家长各一半基因组的孩子。

这种技术还没有实现。目前两个男人或两个女人在一起不具备孕育所需的基因兼容性。因此，同性恋是独立于进化繁殖要求之外的性向认同。

关于同性恋的人数，我可以在这里引用几十个不同的统计数据，学界没有统一的数字，也没有一种可以简单断定某人为同性恋的模式。有些人似乎从年轻时就完全是同性恋，有些人则完全是异性恋。许多人介于两者之间，可能以某种性取向为主，但以不同的频率有同性恋、双性恋或异性恋的经历或想法。有研究表明，20%的成年人曾被同性吸引，其中一半的人把想法付诸行动，有过同性性行为。

考虑到进化的广度，同性恋人口统计的精确性并不重要。同性恋是存在的，数以亿计的人自认为同性恋。同性性行为无法导致受孕，从表面上看似乎是不适应环境的表现，这种观点在研究某特定的进化行为时构成了潜在的问题：不能产生后代的性行为如何能以如此高的频率持续发生？这是不是人类和非人类的动物之间划分界限的例子？

显然不是。同性恋在自然界也比比皆是。有些例子前文已经提到过了，不过倭黑猩猩不是很好的比较对象，毕竟出于复杂的社会原因，它们一直与群体内所有成员发生性关系，就像英国人聊天时谈论天气一样平常。

另一个例子是长颈鹿。长颈鹿深受进化生物学家喜爱，原因很多。它们有优雅的长脖子，是现存的最高的动物。这种夸张的形态在历史上曾被作为后天性状遗传的例证——该理论已被推翻。进化的概念简单来说，就是动物如何随时间变化。让·巴普蒂斯特·皮埃尔·安托万·德莫奈，又称拉马克骑士——他不是研究进化概念的第一人，但是首批认真思考、写作和发表这一问题的科学家之一。长颈鹿，也就是19世纪所称的"camelopards"（直译为"骆驼豹"）[1]，是他论证中的重要部分。1809年达尔文出生，拉马克同年出版了《动物哲学》，他在书中以自己的理论阐述了动物为什么会随时间变化。他认为，长颈鹿总是伸长脖子去够最多汁的金合欢树叶，用进废退，因此被"赋予了灵活的长脖子"[2]。这种逐渐积累的长度会遗传给它的孩子，一代代不断重复。

50年后，《物种起源》出版，后天性状遗传的观点被完全取代[3]。达尔文认为，生活经历不会以可遗传的方式改变DNA，因此对自然选择所偏爱的基因几乎没有影响。达尔文承认拉马克是严谨而伟大的科学思想家，只可惜拉马克的宏论并不正确。我们现在有时会嘲笑拉马克的错误，但他的著作经过了深思熟虑，着实不可小觑。拉马克的观点是被最伟大的生物学家提出的最伟大的理论所取代的。所有的科学家都须尽可能多地犯错，因为我们正是从中发现并不断接近真理。巴黎的植物园里立有

---

① 长颈鹿的古希腊语是"kam lopárdalis"，名字来源于"见什么说什么"的生物命名学派，叫"骆驼"是因为它脖子长，叫"豹"是因为它有斑点。
② 出自查尔斯·莱伊尔《地质学原理》第二卷对拉马克进化论做出的批判。
③ 表观遗传学是遗传学的一个重要部分。它是使得DNA接受环境影响的少数机制之一，但近年来，更多的学者提出疑问，研究后天获得的表观特征是否可以传给后代，从而形成新拉马克进化论。我们有证据表明一些表观特征是可以遗传的，但我们不知道这些特征是否具有永久性。因此，没有证据表明拉马克遗传学说是正确的；自然选择学说和达尔文进化论则依然稳固，没有受到影响。

一座拉马克铜像纪念碑，背面的场景是女儿安抚年老失明的拉马克，底座上刻着女儿的话："我的父亲，后人必会仰慕您，为您报仇雪恨。"

正是数据的铁证推翻了拉马克的进化论。有很多理由可以说明后天性状遗传是错误的，其中最有说服力的是我们从未发现可将这类信息传递给后代的机制。生活经验的积累并没有使后代的性状发生改变，比如动物园里的北极熊，尽管已经离开雪地生活很长时间了，仍身披白毛。更具体地说，长颈鹿大多在自己肩部高度处觅食，它们是否会伸长脖子去够高处更多汁的叶子还有待观察，而"高处的叶子更多汁"也只是理论上的设想。尽管如此，长颈鹿的脖子对达尔文的进化论仍有很好的指导意义。长颈鹿不同于和它有共同祖先的其他动物，脊椎骨数量与人类、老鼠相同。当然，每一块骨头都要大得多。与人类以及关系更远的鱼类一样，长颈鹿的颈内也有喉返神经，支配着部分喉肌。长颈鹿的这条神经要绕道4.5米，从脑干往下延至心脏，绕过心脏顶部的主动脉，再折返回咽喉。我们人类喉返神经的路径也是如此，只是它在长颈鹿的长脖子里向下又向上，延伸了这一环路而没有改道选择捷径。喉返神经的解剖位置在我们和长颈鹿体内完全一样，是盲目而低效的自然进化的标志，用达尔文的话来说，"笨拙、浪费，且错误"。

长颈鹿美丽的长脖子也被归结为性选择。它很招摇，甚至略显荒唐，就像孔雀的尾巴，可能是许多有性动物的雄性失控的性状之一。长颈鹿的性生活也因为长脖子而变得有趣。脖子是长颈鹿性行为和社会行为的重要部分。自1958年以来，我们经常能观察到雄性长颈鹿之间类似摔跤的行为，这被称为"脖斗"。它们互相缠绕脖子，做出发情期的攻击行为。长颈鹿本来气质不俗，但这时候它们的脖子会以近90度的幅度弯曲摆动，进攻的动作显得十分愚钝，再加上笨拙的长腿，一点儿也没有两头雄鹿激烈对撞的那种富有力量感的优雅，看上去很不可思议。

"脖斗"在年轻人类中出现时[①]，往往是更深入的性行为的前戏。"脖斗"看似是一种与雌性交配前的雄性竞争行为，赢家获得交配权，但对于长颈鹿来说，主要区别是在一阵激烈的"脖斗"之后，雄性之间往往会进行插入式性行为。我们试图观察野生动物的有趣行为并加以了解，但在许多领域还缺乏大量研究。对长颈鹿的观察也是如此，因为数据不充分，目前还难以得出有力的结论。大多数长颈鹿的性接触似乎发生在两头雄性之间，先"脖斗"，然后肛交[②]。并非所有的"脖斗"之后都有肛交的意图或行为出现，但在许多情况下，"脖斗"之双方会互相击打已勃起、伸出包皮的阴茎。

长颈鹿倾向于按性别隔离。"脖斗"行为几乎只发生在雄性

---

① "脖斗"原文用词为"necking"，也在年轻人中作俚语用，表示充满爱意地拥抱亲吻。——译注

② 这一点甚至出现在2000年的电影《角斗士》中。已故的奥列弗·里德扮演来自罗马的动物和人类奴隶贩子安东尼尔斯·普罗西莫。因买到的牲畜没有繁殖能力，他用低沉的嗓音对卖家说："你卖给我的是同性恋长颈鹿。"

间。在坦桑尼亚国家公园，历经三年超过 3200 个小时的观察记录显示，有 16 次雄性对雄性的骑乘行为，其中 9 次阴茎没有伸出包皮。自然学家们最初认为这种行为是为了表明支配地位，但在此前后没有观察到支持这种观点的其他行为——比如一方会通常表示服从，或做出某种特殊姿势。同一时期，雄性对雌性的骑乘行为只有一例。在这个报告里，17 例中的 16 例都是雄性对雄性的骑乘行为，比例高达 94%。

我们不知道它们为什么会有这样的行为。同一时期有 22 头小长颈鹿出生，应该发生在异性性行为之后，因此，大多数的雌雄骑乘行为肯定没有被观察到，但这也意味着更多未被观察到的雄性骑乘行为。这一数据和其他观察结果表明，雄性长颈鹿并不经常与雌性发生性行为。异性性行为发生时，雄性会舔舐、闻嗅雌性的尿液，然后跟在雌性身边晃悠几天。雌性长颈鹿不慌不忙，只要往前走，就可以反复挫败雄性长颈鹿的交配企图。如果雌性也有意愿，最后就会站在原地不动，接受雄性长颈鹿。

即使考虑到科学必要的谨慎，我们也可以认为大多数长颈鹿的性接触都是雄性同性性行为。逻辑上讲，一个完全是同性恋的物种不会生存很久。然而，物种中的同性恋达十分之一，也完全足以让整个物种延续。其实三年生出 22 只幼崽的速度已经不低。长颈鹿中的雌性每年只有几天处于生育期，并能接受交配，而且妊娠期长达 15 个月，所以它们并不能迅速迭代。同性长颈鹿之间的性接触不是为了建立等级或确认统治地位，但显然具有某种社会意义。我们目前对此了解还不多。

许多其他动物也有同性性行为，包括老鼠、大象、狮子、猕猴和至少20种蝙蝠。有记载的雌性同性恋例子较少，其实总体来说不管是人类还是其他动物，关于女（雌）性的性研究数据都很少。许多科学领域都是如此，历来更偏向去了解男（雄）性的行为。在所知的雌性同性关系中，我们对其中可能起作用的生物学原理有较深的理解。农场主们对山羊、绵羊、鸡的同性恋活动完全不担心，甚至认为奶牛互相做出骑乘的动作是它们有生育能力的好迹象。鞭尾蜥可以孤雌生殖，和雌性科摩多巨蜥一样不需要雄性受精，而雌性对雌性的骑乘可能是一种诱导排卵的机制。鬣狗像倭黑猩猩一样生活在母系社会中。雌性鬣狗占主导地位，比雄性肌肉更发达，更具攻击性。雌性的生殖器很不寻常，阴蒂很大，只比雄性的阴茎略小，可以勃起。雌性之间经常通过舔舐阴蒂建立社会关系，确立等级。

对于同性恋将如何随时间的推移而持续，我们有很多猜想，但它确实形成了一个进化上的谜题。在人类中，已经有证据表明，某些DNA信息与男性同性恋有关。这不是媒体认为的"同性恋基因"，因为控制复杂行为的基因是不存在的。相反，尽管数据有限，我们还是能看到遗传代码的某些部分更频繁地出现在与同性恋相关的基因中，而不是呈偶然分布。这话听起来含糊且谨慎，但确实是我们目前在遗传学和复杂社会行为方面的研究情况。人类的特征几乎没有一个可以由DNA轻易决定，而是需要许多遗传因素相互作用，生活经验也会产生少量影响①。

在直系遗传学之外，已经有大量的双胞胎研究在研究同性恋男性的课题。同卵双胞胎有（几乎）相同的 DNA，所以任何行为差异都可能是由非遗传因素，即环境因素造成的。各种研究结论显示了不同程度的可能性，但都表明与异卵双胞胎相比，如果同卵双胞胎中的一个是同性恋，另一个更有可能是同性恋。研究还表明，如果哥哥是同性恋，弟弟成为同性恋的概率也会增加。

同性恋是有遗传因素影响的——所有行为都有。许多基因会与周围环境共同影响生物的性状。降低生殖成功率的基因最终会被剔除，因为携带这些基因的个体会被竞争淘汰。同性恋男性不太可能有孩子，因此从表面上看，相关的基因应该很容易被清除。所以进化生物学家的问题是：为什么这些基因没有从基因库消失？

第一个可能的答案是，排他的同性恋在历史上很罕见。这里使用的术语有点问题，因为我们倾向于用现代西方视角来看待性。今天当我们谈论同性恋时，倾向于用它代表一种身份认同而不仅仅是描述一种行为。我在之前的写作中模糊了这个界限，但现在讨论人类的同性恋时不能这样一概而论。我在这里说的是今天可能被称为"非常规性别"或"非常规性"的概念。在我们今天的

---

① 就像对人类的许多研究一样，我们对女性比对男性的了解要少，尤其对同性恋女性的遗传学研究更是少之又少。不过一般来说，女同性恋者往往比男同性恋者更具流动性，意思是她们的性行为和身份认同在一生中更有可能发生变化。

文化中，与同性发生性关系跟以前代表的意义已经有所不同，从许多例子看来，它更可能表示双方"做了什么"，而非一种"身份认同"。这样考量的话，同性性行为在古希腊、罗马、美洲原住民、日本和许多其他历史社会中都有发生，只是各种文化对此的接受程度不一。

在许多这样的例子中，同性性行为很可能不是排他的，因此，生育和保持性行为多样化的遗传基础可以不受阻碍地延续下去。动物中的同性恋随处可见，也很少有排他性。有些动物只对同性伙伴感兴趣：大约8%的驯养公羊似乎只与其他公羊发生性关系。人们提出了很多种观点试图解释这种现象，而正如科学中经常出现的情况，答案很可能是所有观点的组合。

亲属选择是进化生物学的重要观点。它的前提概念是，自然所选择的是基因，而不是个体、群体或物种。碰巧基因存续的最优解就是与一大批其他基因合作，它们需要同样自私的动机，都保存在同一个身体里，而这个身体会尽力确保这些基因的繁衍。这是一条坚固的理论，是进化论的重要基石，它解释了各种社会生物的行为，特别是蜜蜂、蚂蚁和黄蜂，它们中的雄性大多根本没有机会繁殖。这些雄性与它们的母亲共享所有DNA，而母亲则大量繁殖，因此演化出一个系统。就演算而言，不育的雄性协助有生育能力的雌性就可以满足生存和基因传播的需要。

同性恋表面上看似乎对环境适应不良，却能在进化史上继续存在，可能要归功于亲属选择这种机制。为了解释同性恋为何能够存续，学界探讨过两种类型的亲属选择。一种是"同性恋叔叔假说"：同性恋男性近亲会通过帮助抚养、保护和教育侄子或侄女来提高他们的生存概率。在生物学上，同性恋男性近亲与侄子或侄女共享高比例的基因，无论是否有孩子，自己的基因都会存活，这一点十分重要。这与其他有性生物提供生殖支持的例子并无不同，都是拥有共享基因的个体帮助旁系后代生存。另一种亲属选择"祖母假说"在这方面和"同性恋叔叔假说"类似（这也是更年期为何存在的一种解释）：女性在生殖期结束后，并不是离开家庭等待死亡，而是留在家族内协助抚养孙辈。祖母与孙辈共享四分之一的 DNA，提高孙辈的生存概率就是提高共享基因的生存概率。这方面的研究数据不是很丰富，但这种想法很流行，可能就是同性恋存续的原因。在虎鲸身上它也解释得通，虎鲸有复杂的社会结构，由年长的雌性领导，并且是我们已知有更年期的三个物种之一（另外两个是人类和短肢领航鲸）①。"同性恋叔叔假说"就是"祖母假说"的同性恋版本。现在的问题是，没有足够的数据支持这两种假设。

还有一种解释有更具说服力的数据。2012 年，一项研究表明，同性恋男性的祖母和姑姑的子女明显多于异性恋男性的祖母和姑姑的子女数量。这些女性亲属生育能力的提高充分弥补了同性恋

① 研究人员对太平洋西北部的一个虎鲸群进行了长达数十年的观察。这个虎鲸群的首领被研究员称为"老婆婆"，四十年来没有生育。这个群体长期以来的研究数据表明，雄性鲸鱼的生存概率会因母亲死亡而下降，如果母亲已绝经，这种影响就更为严重。"老婆婆"度过了漫长而伟大的一生，于 2017 年去世。

男性本身没有生育能力的缺陷。这表明，使男性倾向于同性恋的遗传基础可能正是促进其女性亲属提高生育能力的代码。这并不是说这种遗传代码是出现以上两种情况的原因，但它可能会使天平向这两个方向倾斜，从数据上弥补遗传基因的损失。这个观点十分有趣，数据也很有说服力，但这项研究现在还处于早期阶段。虽然样本量充足，也仅仅是一项研究，还需要更多深入的工作。纯粹同性恋的公羊是否也是如此，还有待调查。

在动物中，同性恋比比皆是。需要注意的是，虽说不知道为什么长颈鹿之类的动物会有同性恋行为，无论如何，我们不应该认为它与人类的性有所关联。人类中也有许多男性之间进行性行为的例子，这种行为是仪式性的，而不表示参与者自认身份是同性恋。巴布亚新几内亚东部高地有一个部落叫桑比亚，部落成员认为食用精液是男性成年的重要仪式。男孩即将进入青春期的几年会持续为年长的男性口交，直到与年轻女孩结成配偶，后者再为男孩口交，为期数年。有些男性会在这时放弃同性性行为，有些则不会。人类学家断定，这些男性之间的同性恋行为是纯仪式性的，无关性爱。不过在我看来这种说法站不住脚，因为排出精液的先决条件就是性兴奋。

巴布亚新几内亚的马林安宁族相信精液具有神奇的特性，男性一生都乐于与其他男性肛交。他们把精液涂抹在箭尖和矛头上，认为这样可以帮助武器找到目标。精液也被调入男女老少的饮品中。在男性肛交中接受对方精液被视为增加男子气概的一种方式。

人类也好，其他动物也好，无数种生殖器接触方式都表明，性行为显然不仅仅是为了制造婴儿。我们有时会错误地假设某种行为是从人类自己的祖先那里承袭而来，或者反过来说，错误地认为某种行为在人类和其他动物中都出现是因为它是种"好技能"。自然界的奇妙狂欢表明性很重要，进化会利用一切资源达到目的。许多人都知道生物学家弗朗索瓦·雅各布的座右铭"自然选择是个修补匠"，这与美国总统罗斯福的话异曲同工："地尽其利，物尽其用，人尽其才。"

进化机制经过反复试错，制造了不同的部件，然后通过不同的搭配组合成新的东西以适应不断变化的环境。有性繁殖显然是技能库里一种有用的进化武器[①]，它在复杂的生命体还没有遍布海洋、天空和陆地时就已经出现，伴随我们至少 10 亿年了。从那时起，通过双亲产生后代的基本功能被无数次地组合试验以创造各种机会，提高生存能力。

我们来试着解构人类同性恋行为的存在。一个人的偏好或"理想型"细分为生物学和社会学特征，比如有人喜欢金发碧眼的外形、善良的性格或者运动员般的体格，有人喜欢金发碧眼、善良又拥有运动员体格的同性，有人则偏好巴布亚新几内亚文化的

[①] 有性繁殖的效率比无性繁殖低一半，原因尚不清楚。我们知道通过两种性别结合来打乱重排基因是个好办法，可以避开会降低后代生存概率的疑难杂症，但从数学的角度看效率并不高。几十年来，这一直是进化生物学中的一个难题，也是当今最令人兴奋的研究课题之一。

成年仪式。性行为跟所有的行为一样，不仅由基因或环境编程，而且由生物体本身和生活经验之间不可捉摸的相互作用所塑造。

这里不可避免地出现了一个政治观点：同性恋在非人类动物中比比皆是；从表面上看，它似乎与进化的普遍原则背道而驰，但我们对性伦理学了解越多，就越会发现这在科学上没有问题。

肯尼亚马赛马拉自然保护区的两只大雄狮经常肛交。2017年11月，一名肯尼亚官员就相关报道和照片给出荒唐回应，说雄狮是在模仿人类同性恋行为[①]。要是发现长颈鹿们的行为，真不知道他会作何想法。

这种发言很好笑，但在包括肯尼亚在内的许多国家，同性恋者都受到迫害、监禁、酷刑和谋杀，并到处遭受偏见。从历史上看，为了证明这种迫害的合理性，人们宣称同性恋是违背自然的行为。无论对同性恋的仇视是出于什么原因，科学都不支持这样的偏见。正如我们所见，同性恋本就属于自然，而且无处不在。

---

① 埃泽基尔·穆图亚是肯尼亚电影分级委员会首席执行官，也是肯尼亚电影的"道德警察"。他对雄狮同性性行为发表意见的同时，在采访中毫无必要地澄清了自己的立场，说："我们不监管动物。"

死亡亦无法终结一切 [1]

我们来简单看看最后一种受孕机会为零的性行为：奸尸。幻想与尸体发生性关系的人比实际做出这种行为的人多，我们没有数据说明它在人类的思想或行为上到底有多普遍，但它在大多数国家是非法的。奸尸的法律定义在全球范围内并不一致：它在 2003 年才在英国被明确宣布为非法行为，而在美国，没有关于奸尸的联邦法律规定，各州有自己的立场。与死人发生性关系通常被视为变态行为，是偏离自然的、不正常的心理病态 [2]。这样的说法基本上没有争议，然而我们却能在几十种动物中看到奸尸的行为。

---

[1] 标题原文为英国作家、诗人狄兰·托马斯的诗作 "And Death Shall Have No Dominion"。——译注

[2] 《法医杂志》(*Journal of Forensic and Legal Medicine*) 2009 年的一份报告提出了新的恋尸癖分类系统，有十个等级，其中包括以下几种：角色扮演者，通过假装活着的伴侣已经死亡来获得性快感；浪漫恋尸癖，在丧亲之痛中仍然无法舍弃死去爱人的尸体；机会主义奸尸者，通常对尸体没有兴趣，但有机会时会实施行动；杀人奸尸者，为了与受害者发生关系而实施谋杀。

动物园的动物往往行为怪异，圈养生活给动物营造了一种假象，会使它们偏离在自然栖息地无人干扰时的正常行为。有些行为也许是动物园游客根本想不到的，例如，自20世纪60年代以来就有观察记录显示，动物园的雄性领航鲸会试图与死去的雌性领航鲸发生插入式性关系。

奸尸不仅仅发生在非自然的圈养环境中，在野外也很常见。在南极探险早期，人们就看到阿德利企鹅和死去的企鹅发生性关系。英国极地探险家斯科特船长遇难的最后一次南极科考中就记录了这样的事件。在敏感保守的爱德华时代，企鹅的行为是"惊人的堕落"，实在有伤风化，于是在向公众发布的报告中，这段记录被删减，仅以希腊文提供给一小部分不那么脆弱的英国科学家[1]。

2013年，人们在巴西观察到，两只雄性黑白泰加巨蜥与一只死去的雌性蜥蜴交配了两天，在此期间，雌性蜥蜴的尸体已经膨胀并开始腐烂[2]。可能由于雌性分泌的信息素（费洛蒙）在死后仍会持续一段时间，雄性接收到了可以交配的信号，于是付诸行动。曾有研究分别记录，雄性青蛙和蛇试图与被卡车碾轧斩首的雌性交配。2010年发表的一篇令人不忍卒读的研究文章记载，雄性海

---

[1] 这篇论文由英国科学家乔治·莱维克根据罗伯特·法尔肯·斯科特船长1910—1912年的南极探险报告撰写，这次探险以斯科特的死亡告终。莱维克写道："六七只或者更多年轻性企鹅形成流氓团伙，在山丘外围游荡，不断做出堕落行为，持续骚扰当地居民。"

[2] 我充分尊重作者伊万·萨基玛的报告标题：《无法抗拒的尸体新娘：在巴西东南部一城市公园，死去的雌性黑白泰加巨蜥被雄性追求了两天》。

獭多次强行与雌性海獭交配，在此过程中有时会淹死它们，有时会造成严重的伤害（如腹部和阴道穿孔）并导致雌性海獭死亡。雌性海獭死后的几天，雄性海獭仍继续与尸体交配。更令人吃惊的是，雄性海獭不仅对雌性海獭，还会对港海豹做出这样的行为。

此刻是重申以下观点的绝佳时机：我们在非人类动物身上看到的行为不一定与人类的行为有关。无论驱动人类奸尸行为的症结是什么，都与其他动物的动机无关，对此我们可以进行科学的推测，也可以持不可知论，即认为人类的动机根本无从知晓。

奸尸行为令人作呕，但通过仔细的实验设计，它对研究性生物学的某些方面至关重要。我在前文提到过，精子竞争是生殖中的重要机制，不仅雄性在个体层面上互相竞争雌性，精液中的精子也会互相竞争。一些雄性鸟类似乎并不在意配偶是死是活，于是科学家们可以利用这一点来研究性生物学。研究人员把死去不久的雌鸟粘在树枝上，等雄鸟来通过勉强有点尊严的"泄殖孔之吻"进行射精交配。雄鸟完成自己的生物学任务就飞走了，科学家们这时候再将精液收集到实验室进行分析。

性与暴力

性是个体之间的生理行为，由于前面讨论过的原因，雄性和雌性的性偏好并不对等——卵子和精子需要的代谢投资不均衡，而这种不匹配推动了性选择。在这种进化的推动力中，雄性和雌性出现了明显的身体差异，如尺寸、生殖器（主要性征）、装饰物（次要性征），还出现了明显的行为差异。个体在性要求方面不匹配，再加上性是一种身体行为，意味着身体冲突会在性接触中频频出现。

上一段措辞非常谨慎，文学美感尽失。在描述非人类动物的性行为时，我们所用的语言是有问题的。人类的具体行为可以用专门的词汇描述，而这些词汇在非人类动物中看似能找到对应的行为。动物中也有"性交易"的例子，例如，雌性阿德利企鹅需要石头来筑巢，就会与单身雄性发生性关系，然后从后者的藏品中取走一块石头，媒体报道把这种行为称为"卖淫"。一项研究发现，猕猴为了观看地位较高的猴子的图像，以及发情雌猴的生殖器的照片，会用商品（在此次研究中用的是水）交换，媒体报道称"猴子喜欢付费观看色情制品"。

动物的性行为时常显得很暴戾。在这方面我们必须谨慎。人类的性暴力是非常严重的犯罪，强奸是极度暴戾和侵犯个人自主权的行为。但它在文化中历史悠久，最古老的文本中有关于性暴力和强奸的描述，比如希腊神话中，天后赫拉、亚马逊战士安提俄珀、腓尼基公主欧罗巴和斯巴达王后丽达被宙斯强奸，冥界王后珀耳塞福涅被冥王哈迪斯强奸，传奇英雄奥德修斯被海之女神卡吕普索强奸；还有希伯来《圣经·创世记》中，罗得为了使假扮客人的天使免遭侮辱，提议交出两个还是处女的女儿给暴徒淫辱，但他们并不感兴趣，要闯进屋，后来天使让他们眼目昏眩，找不到房门。天使烧毁了所多玛城，罗得携家眷潜逃，但妻子违背天使告诫，回头看了一眼，变成了盐柱。

有些心理学家认为，强奸是人类的一种进化策略[①]。在我看来，这样的猜测不但考虑不周，也极具破坏性和争议性，是种"想当然"理论。单纯从科学的角度来看，不管强奸对进化有多大的社会影响，它仅暗示了一种可能，只是数据支持不足[②]。此类观点与

[①] 这种观点在美国生物学家兰迪·桑希尔和人类学家克雷格·帕尔默合著的《强奸的自然史：性胁迫的生物学基础》（*A Natural History of Rape: Biological Bases of Sexual Coercion*）一书中最为突出。

[②] 在这个简短的讨论中，强奸仅指男性对女性的强奸行为。对这种类型的犯罪我们拥有最多数据。男性对男性的强奸（以及更加少见的女性对女性的强奸）当然会发生，但不能导致受孕，所以说强奸有益于进化这一观点无法适用于这样的情况。

进化心理学的某些概念有相通之处，认为今天的这种恶行是过去的行为进化之后的残余，在史前时代曾被自然选择青睐，也许在更新世，进行强奸的男人比自愿生殖的男人生育了更多的孩子，因此鼓励胁迫性行为的基因会传播开来，延续至今。这种观点论据如下：第一，强奸受害者往往是处于生育期的年轻女性，因此男性选择受害者是为了最大限度地提高怀孕概率；其次，这个年龄段的女性更可能与强奸犯做斗争，这表明她们更愿意通过自主选择配偶来保护更多的生殖资本，于是她们反而成了强奸犯的理想目标。

这些论点十分糟糕，没有证据的断言总是轻轻一碰就烟消云散。上述第一种论据有多方面的漏洞：强奸是报告率最低的犯罪之一，统计数字各不相同，但很多强奸都无法计入官方犯罪数据，因为受害者没有报警。例如，2017年，英国强奸案报案率预估只有15%。第一种论据的核心是"强奸主要是男性对处于生育高峰期的女性的攻击"，但如此稀少的数据无法构成某种模式，更谈不上符合以上的核心观点。事实上有大量强奸犯攻击年长的妇女，从生殖的角度来看这些妇女可能已过生育年龄或生育可能性较低，另有许多强奸犯侵犯的是不能怀孕的儿童。还有相当一部分强奸发生在婚姻或长期专偶制亲密关系内，只是没有关于配偶强奸的可靠统计数据。尽管如此，配偶间的胁迫性行为驳斥了"强奸比自愿性行为更能传播基因"这一观点。即便有事实支持，"强奸是人类的进化策略"这个观点仍需一个决定性的因素才能成立，那就是进化成功的衡量标准：实施强奸的男人应该比不实施强奸的男人有更多的后代。我们既没有这方面的数据，也没有任何迹象支持这种可能性。

主张"强奸是进化策略"的人提出了自我矛盾的观点，认为如果强奸没有直接的进化效果，那它就是进化遗留的副产品。这同样是无稽之谈，毕竟正如我们所见，一切行为都是进化遗留的副产品，这并不意味着它们是经过积极选择的适应性行为。比如，在冰上跳舞或潜水方面的天赋没有也不可能被自然界直接选择，因此它们也是我们进化后的大脑、心智和身体的副产品。自身积极选择的论点太弱，所以自然选择的论点看似更有道理，但事实并非如此。论证"强奸具有直接根植于生物策略的自然历史"可以说是进化心理学的研究低谷。在此方面说它是"想当然"理论，就更揭示了这类论点在学术上的模糊性。

当我们把目光转向其他动物的性行为时，上述讨论会引出许多问题。动物中有许多胁迫性或明显的强迫性行为的例子，但是否可以将这些案例描述为"强奸"是个棘手的问题。"强奸"有其特定的法律含义，大多数定义包括一个要素：未经受害者同意。因此，"强奸"是专门针对人类这种动物的，我们在谈论其他物种时应该非常谨慎地使用"强奸"一词，因为我们不一定能将"同意"的概念用于非人类动物。

然而，胁迫性行为很常见，其中绝大多数是雄性胁迫雌性（相反的情况则很少）。从孔雀鱼到红毛猩猩，许多物种都会进行明显的强迫性交配，即雌性抵抗，雄性强上。例如雄性黑猩猩会撕咬、追赶雌性，对其尖叫和挥舞树枝，迫使它们服从。

还有其他更微妙的胁迫手段。例如，雌性和雄性蝾螈会拥抱扭斗，像许多体外受精动物一样"抱合"。但对于火焰蝾螈来说，这并不是性行为本身。相反，雄性在这场搏斗之后会排出精囊，也就是一个装着精子的小包，雌性要么爬到精囊上，要么逃走。雄性在抱合时会在雌性皮肤上涂抹自己的激素分泌物，使雌性更有可能爬到精囊上，从而增大雄性基因延续的可能性。这种控制行为说白了就是雄性给雌性下药。

另一种策略被称为"恐吓"，但称其为"性欺凌"可能更贴切。雌性细角鼋蝽与许多其他水鼋不同，它有隐藏的生殖器，好似穿着天然的贞操带，只有自愿暴露生殖器才可能与雄性进行性交。在其它动物的胁迫性行为中，雄性仅仅需要与雌性扭斗然后进行骑乘，而雌性要反击的话很消耗体力，不行的话只有服从。雌性细角鼋蝽进化出这种生理上的障碍，就可以防止此类型的胁迫性行为。对它们来说，胁迫性行为按理来说应该是不存在的。但是，应了我们常说的，进化比你聪明，在这个例子中更是狡猾得多。雄性水鼋会以一种特殊的频率敲击水面，吸引划蝽科昆虫（也叫"水船夫"）对雌性水鼋的注意。水船夫可以水鼋为食。雌性面对这种威胁，为了让雄性停止敲击，只好允许雄性骑乘，从而避开潜在的致命攻击。

这样的胁迫行为表明，进化受雌雄之间的生殖器军备竞赛驱使，已经发展到了惊人的地步。同样，有的行为看起来与人类相似，甚至我们的用词听起来也很熟悉，但表面的相似不代表同源。一般来说，雌性对交配对象比较挑剔，而雄性不那么在意，使用数学原理可以解释这种策略：骚扰、恐吓和肢体暴力都会令雌性付出代价，比如受伤、被吃掉的风险上升，或者仅仅是失去与理想雄性交配的机会，种种代价都可能降低雌性的整体生殖能力。不管最终使用什么手段，雌性的策略一般是进化出某种特质，要么能减少胁迫，要么能使受胁迫之后的代价最小化。

并非所有性行为中的暴力都容易解释。在前文所述的海獭案例中，雌性海獭当然不希望因激烈的插入式性交而死亡，这种进化策略从其它方面也很难解释得通。雌性付出了死亡的终极代价，雄性也没有捞到好处，因为死亡的雌性不会受孕，雄性的基因也不会延续下去。此外，雄性水獭对另一个物种也实施了同样的暴力行为，被侵犯的港海豹即使不可能怀孕也同样丢了性命，这种行为因此更加令人疑惑。水獭单纯地杀死港海豹或许可以解释得通，因为这两个物种可能在争夺资源，但与港海豹的尸体交配着实让人费解。

阿尔弗雷德·丁尼生勋爵在《悼念集》中写道："大自然的爪牙沾染鲜血。"我想他指的可不是蝾螈或水黾。这句诗如今广为流传，但丁尼生写作的时间早于达尔文理论问世。他想描述自然界的残暴，然而大自然并不残暴，只是冷眼旁观。这些暴力行为显示了生物对另一生物的漠视，而不是恶意。只有人类才能做出真正残忍的行为，比如性胁迫和强奸这样极不道德的犯罪行为。用这些术语来描述非人类的行为，会削减强奸行为的残忍程度。

不过，我们确实需要进一步谈谈海豚，它们令人担忧的性行为已被广泛讨论。人类与海豚之间有一种奇怪的关系。我们常常惊叹于海豚的智慧和优雅，它们长着可爱的笑脸，在人工和野生环境中都能力超群。"海豚"是几种鲸类非正式的总称，包括海豚科（海洋海豚），以及生活在河流或河口的三个种类（其中包括江豚、亚河豚和普拉塔河豚）①。它们很聪明，脑部结构复杂且容量大，还有复杂的社会组织。海豚的各个种群都是如此。我们对澳大利亚鲨鱼湾的瓶鼻海豚有尤其深入的研究。经观察，两三只雄性海豚会结为一组，一起游泳捕猎，这种组合被称为一阶团队。有时两个一阶团队会组成二阶联盟。

鲨鱼湾的海豚同样极为暴力。当繁殖季节来临，雄性之间会激烈竞争，以获得接近雌性的机会，这在许多有性繁殖的物种中都会发生。自然界中，这种竞争大多发生在单个雄性之间，而瓶鼻海豚另辟蹊径，进行团队竞争。联盟是雄性交配策略的一个重要组成部分：一阶团队会挑出一只雌性海豚，加速向其冲刺，把它赶出群体，然后胁迫其进行交配。说这是胁迫性行为只是合理猜测，毕竟我们很少能亲眼目睹。在这种激烈的围猎中，雌性会

---

① 白鱀豚栖息于中国长江水系，代表了海豚的另一属，但最后一次正式观测到已是2002年。2007年有一次未经证实的目击事件，但不管目击与否都改变不了白鱀豚功能性灭绝的处境。目击的是最后一只还是倒数第二只并不重要。当种群仅剩一两个成员时，就已经没有存续的希望了。

反复试图游走，大约四次中能有一次成功逃离。雄性仍以加速冲刺来阻挡雌性，用尾巴打，用头顶，用嘴咬，用身体撞，使其屈服。二阶联盟也是如此，组队的比例是五六只雄性对一只雌性。在这样的联盟中，雄性往往有密切的亲属关系，所以组队进行的胁迫性行为是一种将族群基因延续至下一代的手段，完全符合进化论的理论要求。有时，它们会形成更松散的"超级联盟"，即来自多个二阶联盟的雄性（至多可达十四只）联合起来围捕一只雌性。这些二阶联盟之间往往没有密切的关系。

这里需要指出，据我所知，我们没有直接观测到海豚强迫交配的行为。证据来自对交配前行为的观察，以及雌性海豚身体上被暴力侵犯的痕迹。许多人半开玩笑地说，别被海豚聪明又可爱的外表骗了，它们可能是强奸犯呢！像许多生物一样，性胁迫必然是海豚繁殖策略的一部分。它们的确采取了暴力的行为，但聪明可爱也好，凶残可怕也罢，我们必须当心，不能把它们的行为拟人化。

弑婴是海豚另一种让人极不舒服的行为，大众媒体也将其解释为谋杀，不过应该注意的是很多生物，不论雄性还是雌性，都会杀死自己物种中其他个体的幼崽，这也是一种生殖策略。母狮生下幼崽后，有长达一年多的哺乳期，在此期间不再繁殖。雄狮要么单独行动，要么成群行动杀死幼崽，使母狮恢复生育能力，继续繁育狮群。坦桑尼亚的黑猩猩会母女联手，杀死并吃掉其他父母生育的小黑猩猩，原因尚不清楚。雌性猫鼬首领会杀死下属雌性猫鼬的幼崽，这样它们才能帮助首领育婴。雌性猎豹通过与多个雄性交配来解决这样的问题，不同雄性的精子在雌性的体内混合，一窝小猎豹可能各有不同的父亲。

我们还会看到很多受重伤的海豚幼崽被冲到海滩上的新闻。20世纪90年代的一项报告研究了九只死于钝器创伤的海豚，它们有多处肋骨骨折、肺部破裂和深度刺伤，成年海豚的撕咬就有可能造成这样的伤势。

海豚是杀人犯或强奸犯吗？不是，因为我们不能将人类的法律术语用于其他动物。这些行为令人厌恶吗？是的，但话又说回来，大自然才不关心你的想法呢。

我们了解了动物行为里恶劣的一面，这提醒我们大自然可以是残酷的。为生存而斗争意味着竞争，竞争的结果是冲突，有时是致命的暴力冲突。这些行为似曾相识，因为人类在竞争中也会凶残地使用暴力。然而我们并不是被迫采取暴力。人类思想的进化赋予了我们制作工具的能力，使我们能够进行大规模屠杀，但也为我们提供了进化表亲所没有的选择。我们之所以与它们不同，是因为经过行为的现代性演化，我们远不需要在自然界的残暴之中进行生存斗争了，没有必要为了确保种族的生存而杀死他人或强迫女性进行性行为。可是这样的行为在人类中一再发生，又是为何？

第二部分　万物灵长

每个人都是特别的 [1]

在《人类原始及类择》中，达尔文思考了人类和其他生物的思维差异。他假想了一种猿猴来推测它的认知能力，并设定它能用石头敲开坚果，但不能用石头制作工具，也不能"进行抽象推理，解决数学问题，或者认知上帝，欣赏宏伟的自然景观"。

但达尔文接着说，人类的"情感和能力，比如爱、记忆、注意力、好奇心、模仿、理性"可能在其他动物身上找到雏形。他写道，人类和其他动物的思想之间是"程度而非种类"上的区别。

达尔文书中的这一部分写得如散文般优美，而且"程度而非种类"这个短语让人记忆深刻，连生物进化以外的领域都会将其借来说明某些事物根本上没有差别，只是在一个坐标谱系内的位置不同。

---

[1] 题目原文"Everyone is Special"，引自超级英雄动画片《超人总动员》，全句为"每个人都是特别的……这其实就是说，没有人是特别的"。——译注

至于这个概念在人类进化中的最初意义，我对其真实性有所怀疑。我们已经讨论过，在技术、性和时尚方面，我们与其他动物是不同的，但差别仅仅表现在一条横坐标上的相对位置不同，这种看法值得怀疑。我们对工具的使用比乌鸦、海豚甚至是黑猩猩复杂得多，所以简单地把这归因于我们在坐标上的位置更先进似乎并不公平。我们的性欲和性倾向可能类似某些动物的行为，性行为的各种物理机制我们也很熟悉，但倭黑猩猩极高频率的性行为跟我们动机完全不同，也服务于截然不同的社会功能。但换个角度想，也许我们因口交产生的愉悦感与萨格勒布动物园那两只棕熊并无不同。朱莉的耳饰又是否只是我们今天的奢侈与时尚更简单、更初始的版本呢？

我们的文化不仅在复杂程度上超越了所有其他物种，而且在其他物种中都不存在。我们在同时代和和向下世代传播知识的方式，在智人属之外也几乎没有。

也许"程度而非种类"这句话过于简单，过于二元化，对理解人类的历史没有帮助。也许最好的方法是乐享我们进化的复杂性，不带优越感也不做评判，只是坦坦荡荡地承认，我们是不同的。

不同是如何产生的？为什么我们是不同的？我们一直在拼命寻找答案：把我们从一个物种变成另一个物种，使我们成为人类的那个开关在哪里？不论在我们的叙述还是在某种程度的科学研究中，我们都渴望找到一个诱因。我们希望事实清晰，希望得到满意的关于前因后果的叙述，并希望在寻找的过程中了解到我们如何成为我们。

　　但你可能要失望了，因为进化并非如此。即使人类起源中确有某些真正的过渡性事件，戏剧化的表述也会给它们强行安上不存在的转折。当然，地球生命故事中一定有一些节点。这样的关键事件很稀少，但在这些奇特的时刻进化的轨迹永远改变了。例如，约20亿年前，一个细胞进入另一个细胞，复杂生命由此诞生，并衍生出生命之树上的所有物种。这似乎只发生过一次。另一个大事件是一颗陨石结束了恐龙1.5亿年的统治，同时使生态环境更加开放，小型哺乳动物和小型鸟类得以在其中生存繁衍。这些都是不可否认的事件，一旦发生，之后一切都不同了。但总体来说生命的演化混乱而缓慢，就像我们自己的生活一样，只是中间可能夹杂一些精彩时刻。你的存在主要得益于40亿年的生物演化，以及有生之年中在自己的环境里与其他生物体的共同生活。

　　要讲清楚我们自己的故事并不容易。来自史前的证据很少，我们只能用过去的碎片拼凑出一个故事。有两个因素严重阻碍了我们对进化以及自我存在进行思考的能力。首先是时间。进化过程中的时间尺度是我们难以想象的，与日常生活几乎没有关系。我们可以理智地思考自己上下两三代，即曾祖父母或曾孙子女。但在思考人类这个物种的基石时，我们谈论的是成千上万代。例如，能人出现于200多万年前，从那时到现在已历经了数十万代。

　　还有一个问题。单一的时刻或原因或许还可以理解，但我们面对的是一个经由数百万年构建的、不可捉摸的庞大系统。科学正好可以化整为零、单线研究，帮助我们理解高度整合的复杂系统，比如我们的身体与思想，又比如我们的进化故事。如果在泥土中找到很久以前的牙齿或舌骨，我们可以尽力从中提取所有数据，然后将其放回到那个时代的生活图景中分析。我们也可以观察某个基因，看看它在人类身上是如何变化的，以及人类怎样将其带到了世界何处。每个元素都仅仅是巨大的四维拼图中的一小部分（此处说四维是因为生物体不仅经历了三维物理空间，还经历了第四维——时间）。作为一个物种，我们所做的所有事情都独一无二，而在整个自然界也能看到相似的行为。

就这样，我们不断解构自己，加入新的想法与数据，并努力忽略或丢掉那些先入为主的观念或包袱，它们可能会妨碍我们理解自己的故事。

但为什么我们确实不同？将生物进化与文化进化人为分开会错误地在它们之间制造鸿沟，而它们实际在本质上相互依存：生物进化驱动文化进化，反之亦然。在将它们合二为一之前，我们有必要摸清这幅拼图的各个部分。首先来看看生物的部分：在进化术语中，它意味着 DNA。

基因、骨骼和头脑

基因是遗传的单位，里面的信息被自然界选中，带入未来。基因的物理表现被称为"表型"，如果大自然看到该特征能够提高生存能力，那么支持这种特征的DNA就会成功入选，世代相传。基因是构建我们生命的模板。

对于DNA如何成为生命，我们的认知在过去几年里已经发生了巨大的转变，究其原因有二。首先，我们一直在孜孜不倦地研究基因编码的工作原理：基因如何使人们出现自然差异，自然差异如何在世界各地传播，以及错误的基因如何导致疾病。编码中包含着生物数据：生物数据刻在基因之中，而基因隐藏在DNA的30亿个碱基对里，分布在23条染色体上，保存在大多数细胞中心的小球（即细胞核）中。我们每个人都有一套大同小异的基因，但每个基因的表达都略有不同，而这些不同导致了人与人之间的自然差异。长路漫漫，但我们已经对基因组的工作原理，以及基本的基因序列如何组成活的生命体有了更深的理解。个体之间的关系越密切，基因就越相似。这条规则在家庭内、物种内以及物种之间都适用。我们拥有大同小异的基因，所以可以精确地比较它们之间的差异，并衡量这些差异是否有意义。比如，美式英语和英式英语对同样的词有不同的拼法，但不管是"colour grey"还是"color gray"，在大西洋两岸都表示"灰色"，不同的拼法没有改变意义。然而，"appeal"和"appal"只有一个字母不同，前者表示"有吸引力"，后者则表示"令人惊骇"，含义几乎完全相反。DNA随着时间的推移会发生微妙的变化，编码在复制后本应由蛋白质把关，检查复制是否准确，但有时候有所疏漏，会放过某些"拼写错误"。这些错误以相当恒定的速度积累，这意味着个人及物种之间的基因差异就像一个时钟，当错别字起源于祖先的精子或卵子并传递给后代时，时钟就开始计时。在过去几年，基因组测序取得重大进展，于是破译生物密码变得方便快捷、成本低廉，现在我们已经拥有来自数百万现存人类和其他动物的DNA，以电脑容量计算，信息达数千TB。

近年来，遗传学发生巨大变化的第二个原因还是如上所述，但范围扩大至已经死亡数年、数十年、数百年甚至几十万年的人类基因组。DNA是一种非常稳定的数据存储模式。在活细胞中，蛋白质会积极地维护DNA，通过拼写检查和编辑，确保每次复制时不出大错。在死细胞中，虽然没有这种校对检查，DNA仍可以在适当的条件下存续数千年——最好干燥寒冷，并且没有其他生物体存在。有了死者的基因，我们就可以重构那些在时间中消散的遗传关系。

有了遗传学方面的这两项进展，我们就进入了理解遗传的新时代。通过处理基因组序列的海量数据，以往难以总结的模型终于从庞大的统计数据中浮出水面。新工具在手，定能助我们了解早期人类如何变为今天的你我。

24 − 2 = 23

物种是由其形态而不是由其 DNA 定义的，这种分类法有其历史成因：自从瑞典生物学家林奈在 18 世纪创立二元命名法以来，我们一直通过这个系统对生物进行分类，即先属后种，比如人属和智人种，黑猩猩属和黑猩猩种。每个人都有自己独特的基因组，但又足够相似，使我们确信彼此是同一物种。最关键的是，所有存活的人类通常都有相同数量的染色体[①]。每条染色体都是由 DNA 组成的长线，其中一部分是基因。人类大约有两万个基因，分布在 23 对染色体上。大猩猩、黑猩猩、倭黑猩猩和红毛猩猩有 24 对染色体。

染色体的大小各不相同，人类的 2 号染色体是最大的染色体

[①] 染色体异常的情况也会存在，有的人有额外的染色体，而有的人染色体太少。最广为人知的是唐氏综合征，患者有三条 21 号染色体（本来应该有两条），另外还有克氏综合征（男性体细胞内多了一条 X 染色体，变为 XXY）和特纳氏综合征（女性体细胞中有一条正常的 X 染色体，但另一条性染色体缺失或是结构发生变异）。

之一，约占我们 DNA 的 8%，包含约 1200 个基因。它之所以这么大，是因为在某个时候，也许是六七百万年前，类人猿的共同祖先产下了一个染色体严重异常的孩子。在卵子和精子结合成这个生命的过程中，染色体没能完美复制，其中两个被挤压、粘在了一起。排查过所有类人猿染色体后，我们可以清楚地看到，人类 2 号染色体上的基因在黑猩猩、猩猩、倭黑猩猩和大猩猩体内都分布在两个不同的染色体上。

这种程度的突变通常来说要么致命，要么会导致可怕的疾病，但上文中的生命很幸运，出生时就拥有一套功能齐全的基因组，与其父母明显不同。从那时起，23 对染色体的特征就延续下来，能一直向下追踪到你。

我们现在有其他类型的人类（尼安德特人和丹尼索瓦人）的完整基因组，可惜的是，虽然从发掘出的骨头中得到了零散的 DNA，仍无法得知其染色体数量。出于这些人类与我们的亲缘关系，尼安德特人和丹尼索瓦人也应有 23 对染色体。但这仅仅是推测，只有从骨头中取得质量更好的、DNA 含量丰富的样本后我们才能下此结论。还有一个理由是，我们知道智人曾与其他类型的人类交配，要是染色体数量不同，生殖往往就不会成功。当然也有例外，尽管现存的马科动物（即马、驴和斑马之类的物种）染色体数量不一，在 16 对到 31 对之间不等，它们还是成功交配生殖了。不过，我们还没弄清楚那是如何做到的。

我们目前还无法从古人类家谱的大多数标本中提取 DNA，而且可能永远也无法做到，因为我们祖先的大部分骨头标本都来自非洲，那里的高温使得 DNA 的保存相当困难。很可能所有类人猿自从与黑猩猩、倭黑猩猩、大猩猩和红毛猩猩分化之后，便有了23 对染色体。

基因被编译成蛋白质，而蛋白质在身体中执行任务。蛋白质可以形成毛发或肌肉细胞中的纤维，可以制造脂肪或骨骼的细胞成分，还能以酶和催化剂的形式消化食物、利用能量、处理废料。基因的细微变化会导致蛋白质的形状或效率发生变化，比如有些人有蓝色眼睛，有些人有棕色眼睛[1]；有些人断奶后可以喝加工牛奶，但大多数人不耐受；有些人吃了芦笋后尿液有特殊气味（而其他人不会），有些人可以闻到这种气味（而其他人不能）。遗传变异会表现为物理变异。我们把 DNA 的特定序列称为基因型，它所编码的物理特征称为表型。

DNA 会随机变化，表型对生物体的生存也许有害，也许有益，自然会对这些突变做出相应的选择。随着时间的推移，有害的突变通常会被淘汰，因为它们有损携带者的整体健康，而好的突变则得以保存。有的突变既好又坏：如果你从父母双方各遗传

---

[1] 学校里，老师会讲解眼睛颜色的遗传，并将其作为我们对遗传学达到一定理解水平的例证。恰恰相反，这个例证表明了我们对遗传的理解有多差。虽然一个基因的棕色版本相对于蓝色版本是显性的，但还有许多其他基因一起决定虹膜色素，从最淡的蓝色到几乎全黑，眼睛可以是这条光谱上的任何颜色。我们实际上不可能根据父母的眼睛颜色准确预测孩子的眼睛颜色。此外，不管父母的眼睛是何种颜色组合，孩子的眼睛都有可能是任何颜色。遗传学非常复杂，只能以概率作为描述，即使对我们自认为很了解的性状也是如此。

一个有缺陷的 β 珠蛋白基因，就可以抵御疟疾，但这种缺陷又会导向镰状细胞贫血症。许多情况下DNA仅仅会发生遗传漂变，这时基因突变的编码会产生既不好也不坏的随机变化。

我们拥有与其他类人猿几乎相同的一组基因，但其中许多基因略有不同，有几个是人类基因组中的新基因。这些差异造就了人类。经过一代又一代，基因和基因组可以用多种方式改变并创造新的信息。它们随后通过进化选择最终形成特别的组合，为一个独特的物种所有。我不再一一列举，因为这个过程在所有的生物身上都会发生。不过，有些突变的发生机制与我们独特的人类基因组的形成有关，值得更仔细地研究。

复制版本

想象一下，你正在创作一部交响乐，并把音符手写在唯一的一份乐谱上。如果想对音乐进行探索试验，你不会愚蠢到在唯一的一份乐谱上涂涂改改，最后修改的东西也可能被全盘推翻，原稿也污损了。你一定会复印一份，在复印件上放心修改，同时保留原版作为备份。这不失为一种考量基因组复制的方式。正常工作的基因正在发挥作用，不能自由地随机突变，因为大多数突变可能是有害的。但是如果你复制了一整段含有该基因的DNA，那么这个"复印件"就可以自由改变，也许可以承担新的作用，而"原件"也不会失去本身的功能。我们的一个灵长类祖先正是这样从双色视觉变成了三色视觉：X染色体上的一个基因编码合成了某种蛋白质，它位于视网膜中，会对特定波长的光产生反应，从而探测到特定的颜色。到三千万年前，这种基因已被复制，并发生了充分的变异，在我们的视觉中加入了蓝色。这个过程必须发生在精子和卵子形成的减数分裂过程中。只有这样，新的功能才可能永久有效，新的突变将传递到后代的每个细胞，包括即将成为精子或卵子的细胞。

灵长类动物似乎很容易发生基因组复制，尤其是类人猿。我们约有5%基因组来自DNA的复制，其中大约三分之一为人类独有。基因组的复制区域一直是分析的难题，因为复制版本看起来都差不多，但遗传学家们已经能以耐心与毅力将它们筛选出来了。我们也因此对"复印件"的数量有了新的认识，并且能够探查其中是否有些基因赋予了人类超越其他猿类表亲的能力。

到目前为止，我们已经锁定了几个非常有意思的复制基因，似为人类所独有。它们的名字都很无趣。2018年6月，研究人员在大量非常相似的基因中发现了NOTCH2NL——一个不同版本的人类基因，且与原版差异十分微妙。但关键是，这个新的基因在黑猩猩中并不存在。看来NOTCH2NL的早期版本在类人猿的共同祖先中没有得以成功复制。约300万年前，这个本来无效的版本在人类的进化支线中自发修复，不过在黑猩猩中仍然存疑。我们还不知道这个人类独享版基因的确切功能，它好像可以支持放射状胶质细胞的生长。这种细胞横跨大脑皮层，负责制造更多的神经元，从而促进大脑发育。与以往一样，我们可以通过研究基因突变的影响来了解基因的作用，而与突变的 NOTCH2NL 相关的疾病之一就是小头症，即大脑容量减少。

人类有四个复制版 *SRGAP2* 基因，而其他类人猿只有一个。复制的现象是在特定时间发生的：第一次是约 340 万年前；然后这个版本又被复制了两次，一次是 240 万年前，另一次是 100 万年前。接下来，我们要找到这个基因作用于身体何处，这个过程就很耐人寻味了。第一次和第三次复制似乎没起到什么作用，只是在我们的基因组里坐等生锈。但是第二次复制产生了一个作用于我们大脑的基因，有特殊的作用，可以增加大脑皮层神经元中树突分支的密度和长度。这种类型的神经发展模式是人类独有的：小鼠的大脑原本没有这种模式，但如果把人类的版本植入小鼠的神经元中，它们的神经元就会长出粗大密集的树突。这个版本的基因，即 *SRGAP2C*，出现在 240 万年前，当时我们祖先的大脑尺寸明显增大，也正是在这个时候，我们开始打磨、敲击石块，制作奥杜威工具。

联系似乎很明显。我只是推测而已，不过也有一定根据。新基因诞生的时间，它对大脑可能起到的作用，以及当时出现的行为—— 这三者之间的联系呼之欲出，但目前我们能下的结论也到此为止。这并不是一手造就我们的大脑功能的唯一基因，可能少数基因也共同发挥了作用，只是我们还不完全知道它们如何运作。这些新的基因为探索人类与其他动物大脑的关键差异提供了线索，而将来还会有更多线索出现。它们都不是单一的触发因素，而是进化打造人类计划的一部分。

全新版本

以其他基因作为模板进行复制和转移是自然界就地取材的例子，就像前面说过的：进化是个修补匠。然而进化也会从头开始创造。有时一个看似无意义的DNA指令会突变成一个有意义的句子，我们称其为新生突变。

以下是基因编码的工作方式：DNA中有四个字母，三个字母为一个组块（每个组块都编码一个氨基酸），这些组块以特定的顺序串在一起，形成某种蛋白质。以英语打比方，有字母（26个）、单词（可以是任何长度）和句子（也可以是任何长度）。在遗传学中，只有四个字母，而所有单词的长度都是三个字母。基因就是句子，和英语一样，基因这个句子可以是任何长度。一个基因从无到有，仍要经过进化。如果以复制基因插入信息的方式发生突变，那么模板基因已经在其他地方进化了。然而新生突变基因在我们的基因组中无法直接正常工作。在书中，每一个单词的选择都应有其目的，但基因组中的DNA不成词句，只是一些随机的填充物。依然用英语打比方，一段字母如下：

THEIGDOGATETHEFOXANDWASILL

如果你仔细观察，可能会发现里面有个简单的句子似乎就要跃然纸上。如果我们在第三个字母后面插入字母B，它就变成了：

THEBIGDOGATETHEFOXANDWASILL

如果每个词有三个字母，词与词之间加上空格，就变成了：

THE BIG DOG ATE THE FOX AND WAS ILL（大狗吃了狐狸就生病了）

只有当所有字母都按正确的顺序排列，句子才有意义。在遗传学中，这样的序列被称为"开放阅读框"。基因中没有空格，但细胞仍然能理解三个字母形成单词的结构。当一组字母偶然被转换成有意义的句子时，新的基因就出现了，细胞机制突然能够理解它，并把它编译成蛋白质。蛋白质产生后会以某种方式被利用，一旦被利用，携带它的生物体就会把这个新的基因传递下去。

2011 年，有 60 个人类的新生突变基因被发现，随着研究的深入，这个数字可能还会上升。我们还不太清楚它们的功能，但能看到它们都比较短。考虑到新生突变基因的产生方式，短也是有道理的，毕竟序列越长，开放阅读框组建失败的概率就越大。这些新的基因为人类所独有，并不意味着它们是我们祖先转变为人类的决定性遗传特征。它们可能根本没什么作用。我们从祖先那里继承或复制的基因出现变异，变得为人类所独有，这样的情况在我们的基因组中十分常见。

病毒入侵

　　还有一点需要注意：从基因上来说，我们并不完全是人类。我们的基因组中大约有 8% 根本不是从祖先那里继承来的，而是来自病毒。外来者会把它们的信息强行植入我们的 DNA 中，试图自我复制。我们可以把病毒想象成劫匪，他们闯入工厂，用自己的计划取代原有的，并使工厂按照他们的意愿进行生产。病毒入侵我们的细胞工厂时，带来了自己的 DNA（或 RNA）[①]，并将其植入宿主的基因组中。宿主细胞转而听从病毒的命令，制造新的病毒。这种入侵在大多情况下是个坏消息。我们在感冒或感染其他病毒时会出现各种症状，大部分是免疫系统对抗外来入侵的反应，或是细胞在病毒的指令下自我毁灭。如果病毒恰好插入调节细胞分裂的基因中间，就会导致细胞分裂失控，随即形成肿瘤。但有时，病毒入侵不会对我们有影响。病毒的 DNA 插入我们的基因并不是什么大事，这在我们的进化过程中已经发生了无数次，目前在基因中占到了 8%。总体上做比较的话，入侵的 DNA 比构成我们自身基因的 DNA 要多得多，也比我们一些染色体（包括决定男

---

① RNA 是 DNA 的表亲，与 DNA 非常相似，都是核酸（二者名称中的 NA 即 nucleic acid，意为核酸）。但 DNA 通常由双链连接成其标志性的双螺旋结构，而 RNA 是单链。在基因变成蛋白质的过程中，DNA 通常被转录成 RNA 分子，RNA 分子再被编译成一系列的氨基酸，形成蛋白质。一些病毒将其遗传物质储存为 DNA 形式，但有些病毒，如 HIV（人类免疫缺乏病毒，又称艾滋病毒）只携带 RNA，一旦感染了宿主细胞，RNA 就会转化为 DNA，并通过一种名为整合酶的病毒蛋白把 DNA 插入宿主的基因组。

性性别的 Y 染色体）携带的 DNA 要多。如此对比，与其说人类由男性主导，还不如说人类由病毒主导呢。

我们体内的外来 DNA 作用各不相同，但有个例子较为特别，与胎盘形成有关。有一种细胞叫作合胞体，遍布我们全身的特殊组织。在肌肉组织、骨骼和心脏细胞的发育过程中，细胞相互融合，形成了有多个细胞核的合胞体。胎盘中的合胞体则构成了一种高度专业的重要组织——合胞体滋养层。它就像从生长中的胎盘中伸出的刺状手指，侵入子宫壁，在母亲和胚胎之间形成接口，液体、废弃物和营养物质就在这里进行交换。它同时还抑制母亲的免疫系统，以阻止她的身体将胎儿视为外来物而自动排斥。合胞体滋养层处于人类繁殖的前沿阵地，一个生命在这里孕育着另一个生命。驱动这种胎盘细胞形成的基因根本不来自人类，而来自灵长类动物大约在四千五百万年前获得的病毒。这种基因还鼓励宿主细胞与病毒融合，并抑制对病毒感染的免疫反应。它后来被整合到我们自己的基因组中，现在已经是成功怀孕的关键因素。当然，哺乳动物拥有胎盘的时间要比四千五百万年长得多，所以这是进化过程中一个真正怪异又美妙的故事。小鼠的胎盘里也有对生殖来说必不可少的合胞体滋养层，参与其中的基因获取方式与我们非常相似，也是从病毒中获得的，但基因本身又与我们完全不同。两个不同的物种在分子层面上的趋同进化着实令人惊讶。对病毒遗传程序的获取以几乎相同的方式多次推动了哺乳动物的进步。

手和脚

我们有通过复制而来的基因，它们形成了人类特有的基因组合。我们也有只在人类身上发现的基因版本，因此可以讨论特定的基因如何作用于人类的身体。

在这本书中，我们比较了动物与人类的行为，在此也可以将比较扩展到基因。我们与所有生物共享许多基因。这些基因已有几十亿年的历史，并倾向于对非常基本的生物化学部分进行编码。有些基因是我们与所有动物，或哺乳动物，或灵长类动物，或类人猿共享的。遗传谱系与进化生命树非常相似，但不完全一样，因为进化生命树的形状并不像树。只要回溯几代人，它就会从树状变成平坦的网状，此时的网上有我们的多个祖先。这里我举一个来自史前的极端例子：智人和尼安德特人在大约 60 万年前开始分裂为不同的物种。两者分开后各自独立进化，直到 5 万年前，智人迁移到尼安德特人的土地上，两者发生了性关系。我们已经对尼安德特人的基因组进行了测序，所以对此十分确定。如果你是欧洲人，那么你一定有来自尼安德特人的DNA，而且就是那个时候引入的。几千年内，尼安德特人消失了，但他们的DNA仍然存活在我们身上。尼安德特人的某些DNA巧妙地影响了欧洲人的生物学特征，包括皮肤和头发的颜色、身高、睡眠模式，甚至吸烟的倾向，尽管这种恶习在几十万年后才会被发明出来[①]。因此，就进化树而言，尼安德特人的DNA渗入欧洲人后裔的身体代表了一个循环。然而树没有循环：基因大多在家族树上一代代向下传递，但树本身可能生长得很杂乱，基因可以从其他方向进入一个血统，比如来源于祖先的表亲，甚至如我们所见，来源于病毒。基因也可能在时间线上自然而然地流失，因为每次制造卵子或精子时，基因都会被重新洗牌。

尽管人类的祖先谱系很混乱，我们仍然可以合理地比较我们和丹尼索瓦人、尼安德特人和其他类人猿的DNA，并推断看到的差异是否有实际意义。

HACNS1实际上不是一个基因[②]，而是一种"增强子"，一段含546个字母的DNA，其中16个字母与黑猩猩的完全不同。之

[①] 碰巧的是，我们体内有一个自然发生的基因变体，与吸烟无关，但会影响我们代谢烟草中化学物质的方式。

[②] HACNS1的全称是"human-accelerated conserved non-coding sequence 1"，即"人类加速保守非编码序列1"。"人类加速"指的是该序列中有的变化似乎出现得非常快，可能表明它的某种功能对我们有特别的意义。传统上，我们通常说基因是编码蛋白质的DNA，但这个定义并不严谨，不适用于已经出现的其他遗传元素，特别是可以制造RNA的DNA成分。它不被编译成蛋白质也具有自己的功能。总之，进化学和生物学的规则大多数时候都有效，但有时又有很多例外。你可能会觉得这两个学科太纷繁混乱。完全没错。物理学家就从来没有这种问题，太幸福了！

所以说它不是一个基因，是因为它不具有编码蛋白质的功能。增强子（或其他非编码 DNA 片段）是基因的调节器。一个细胞只要有细胞核，其中就包含所有基因，但细胞并不需要每个基因一直保持活跃的状态。增强子往往位于基因的开头部分，作为该基因的激活指令。一般来说，我们习惯以从头到尾的顺序阅读句子，以英语为例，阅读的方向是从左到右。然而基因分布在基因组的各个角落，可以在任何染色体上以任何方向及顺序阅读。基因跟书不同，它们不是一次写完的，也不是按计划设计的。1 号染色体上的某个基因可能激活 22 号染色体上的某个基因。增强子和DNA 的其他调节器的功能就是调控这种表面上的混乱无序。

要研究增强子的功能，可以观察它的活跃区域和活跃时间，也可以在小鼠的胚胎中进行黑猩猩和人类的版本对比实验。HACNS1 在很多组织中都很活跃，包括大脑，而在发育中的前肢，特别是将发育成爪子的突起部位，HACNS1 的活动尤其频繁。在同样的实验中，黑猩猩版本的 HACNS1 并没有在这些部位显示出很强的活性。小鼠胚胎后肢的凸起部位也出现了类似的情况。这段 DNA 是增强子而不是基因本身，因此，增强子在手脚部位活性增强说明它在激活其他基因，而这些基因在手部和脚部可能是不同的。双手的灵巧性对于工具制作至关重要。人类和动物相比，拇指与其他手指长度的比例较大，且拇指能够旋转。如此一来，我们能比其他类人猿更娴熟地制作工具。与手部的变化相反，脚部灵巧性降低和脚趾变短是我们成为两足动物的关键。这一惊人的理论表明，这一小段 DNA 快速进化，对我们手脚的形态改变发挥了重要作用，使之明显为我们人类所独有。

如上所见，有些基因能提供耐人寻味的线索，引导我们找到人类独有特征的遗传基础，这样的基因我可以举出很多例，并且科研人员很快还会发现更多。其中参与大脑发育的基因尤其引人注目。我们的大脑本来就又大又有趣，也正因如此，大量的基因参与了神经物质的生长和维护。有的基因会促进新神经元的生长，有的会促进神经元之间的连接。还有的基因活跃于大脑的特定区域，特别是在新皮层，这一区域与我们的洞察力和性格息息相关。许多类似的基因不但有以上功能，还身兼数职。进化喜欢修修补补，比起从头发明，适应和重复使用已经存在的东西更容易，也更有效。

很多基因相当无聊，但单个的基因本身就很吸引人。每个人都携带两万多个基因。我们需要继续研究每一个基因的作用、进化历程，与我们身体其他部分的互动，以及当它出错时会发生什么。除此之外，我们还必须研究这些基因在正常运作的身体中是如何相互作用的。

伶牙俐齿 [1]

　　有一个基因值得更深入的研究。这个基因对人类的历史产生了很大的影响，对语言至关重要，充分"阐明"了进化，以及我们如何"谈论"进化。故事始于 20 世纪 90 年代的伦敦大奥蒙德街医院。一个叫 KE 的家族内许多成员都出现了一种罕见的言语障碍，在这里接受治疗。他们很难把声音连成音节、音节连成单词、单词连成句子。三代人中有十五人出现了这样的症状，其中小孩症状尤其明显，他们发音时会把"blue"发成"bu"，"spoon"发成"boon"，除此之外还有其他发音错误。进一步的调查暴露出更多问题，他们不仅单词的发音清晰度有问题，用面部和嘴部发声时的具体动作也有问题。一个家族多代人都出现同样的状况，我们就会画出家谱，并标出有这种状况的个体。这样一来，我们

---

[1] 题目原文"Trippingly on the Tongue"，引自莎士比亚《哈姆雷特》。剧中哈姆雷特教导他的演员们，说台词要伶牙俐齿、轻快悦耳。——译注

可以假设精子和卵子结合时的基因组随机洗牌并没有将致病 DNA 稀释淘汰出去，而是保留在了这些个体中。KE 家族的遗传模式表明，病因可以归咎于单一的基因缺陷。现在的研究非常复杂精细，但临床遗传学当年发现的大多数疾病确实源于单一的基因，如囊性纤维化、亨廷顿氏病或血友病。那是遗传学发展的早期，研究人员就这样利用家谱图寻找那个致病的基因。1998 年，西蒙·费舍尔和他的团队用这样的方法找到了这个家族语言问题的罪魁祸首。这个基因被命名为 *FOXP2*，从此成为遗传学和进化论的标志之一。

FOXP2 编码的蛋白质是一种转录因子[①]。转录因子的唯一功能是与 DNA 某些非常具体的位点（如上述的增强子 HACNS1）紧紧结合。这样，一个基因就可以控制第二个、第三个基因的活动，以此类推，一连串复杂的活动就会被触发，有助于发育中的胚胎形成不同的细胞和组织。所有基因都很重要，但重要的程度不同，转录因子就属于比较重要的一类。在你还是子宫内的胚胎时，它就从一个细胞成长为数万亿细胞。这些细胞被精心排列，形成不同类型，在各个组织中履行着十分具体的职责。转录因子在胚胎的生长过程中至关重要。它们发挥着控制的作用，像工头一样忙

[①] 对于如何描述基因，我在这里做一个简短（也势必很乏味）的说明。一个基因编码一种蛋白质，两者通常名称相同，但基因用斜体字以示区别，比如 *FOXP2* 这个基因编码的是蛋白质 FOXP2。另外，人类基因往往全用大写字母表示，而相应的小鼠基因首字母后用小写字母，基因和蛋白质的区别仍然遵循同样的逻辑，比如对于小鼠来说，基因 *Foxp2* 编码蛋白质 Foxp2。

碌着，发起主要的建筑项目，例如决定一个未定形的细胞团的头与尾所在位置。一旦确定这一点，其他转录因子就可以制订更精确的计划，比如指定"大脑在这个地方"，"在大脑区域，眼睛在这里"，"在眼睛区域，视网膜在这里"，"在视网膜区域，光感受器在这里"，"在光感受器区域，这些将生长为视杆细胞"。随着胚胎的发育，细节变得越来越具体，组织也按指令分化成熟。*FOXP2* 的作用与其类似，在胚胎发育的宏伟计划中运作，主要负责促使更多细胞生长。*FOXP2* 在胚胎大脑的不同离散区域包括运动回路、基底核、丘脑和小脑内都很活跃，明确有序地指导着各种神经元的生长。

遗传学家身怀绝技，观察基因活跃区域仅仅是其中之一。我们还可以提取蛋白质，看看它会与什么成分相互作用，这就好似分子钓鱼。当我们用 *FOXP2* 钓鱼时，与它互动的成分相当杂乱，但它的有些目标仍然能够提供诱人的线索，例如被称为CNTNAP2的一小段 DNA 本身就与言语障碍有关。

完成以上所有观察后，我们就找到了这个基因，它活跃在与言语密切相关的各种组织中，而它的缺陷会导致一连串的言语和语言障碍。其他动物也会口头交流，但就复杂性而言，人类语言在各方面都遥遥领先[①]。鉴于人类是唯一说话时使用复杂语法的生物，如果想把我们与其他动物区分开，那么人类语言技能的遗传

---

① 声音频率可能是例外：有些动物交流的音频比人类要高或低得多，超出了我们能够听到的音频范围，比如大象。

基础作用非凡。

FOXP2 不是在我们身上新创造出来的。它其实是个极其古老的基因，转录因子大多如此。*FOXP2* 在哺乳动物、爬行动物、鱼类和鸟类中有类似版本，这些动物中有许多都会以某种形式发声。我们已经得知，鸣禽从其他雄鸟那里学习新的曲调吸引雌鸟时，*FOXP2* 的鸟类版本在它们大脑中十分活跃。

在构成蛋白质的 700 个氨基酸中，*FOXP2* 的黑猩猩版本和人类版本只有两个氨基酸不同，但这显然造成了非常大的不同——我们会说话，而它们不会。*FOXP2* 的尼安德特人版本与我们相同，但其 DNA 的其他部分可能对该基因的作用做出了调整。恐龙灭绝前约 900 万年的时候，我们与小鼠有过共同的祖先。*FOXP2* 基因的小鼠版本（*Foxp2*）和我们只有四个氨基酸不同。通过观察，在发育过程中，小鼠 *Foxp2* 基因在大脑中活跃区域与人类版本完全相同。如果在实验中移除小鼠该基因的两个复制品中的一个，它们就会出现异常，比如幼鼠的超声波发声数量减少（如果两个复制品都被移除，则小鼠在 21 天后死亡）。

FOXP2 对人类的语言和语法显然必不可少，它的人类版本与小鼠和黑猩猩的版本不同，并且它在智人时期经历了正向选择，这些都表明 *FOXP2* 的基础性。这个基因确实重要，但也不是缺它不可。

我们可以按不同的尺度解剖身体，遗传学的尺度是超微解剖学。如果拉长焦距，下一个有用的分辨率就是实际的解剖学了。

毕竟，基因编码蛋白质，蛋白质又指导细胞组装成身体各部分。人的解剖结构会随着时间推移而变化。胚胎学研究受精卵如何成长为胚胎，而发育遗传学研究调节这一成长过程的基因。我们谈论的常常是成人的声道，众所周知刚出生的婴儿生理功能还不成熟，这种差异有助于理解言语的发展。舌头不仅仅是嘴里布满味蕾的那一部分，其实更像大型的多功能肌肉群。它深深扎根于喉部，并由大量的神经支配，以做出我们需要的动作，获得需要的感觉。新生儿的舌头几乎完全位于口腔内，这样喉部的气流就与鼻子相连，婴儿由此可以一边喝奶一边呼吸。随着儿童的成长，舌头会下降到喉部，这使得完整的元音能够形成，如"i"和"u"。

我们的喉咙里有一块非常重要的马蹄形骨头，叫作舌骨。它位于下巴下方，两角向后，在吞咽时会上下移动。舌骨的形状非常精妙，严密地连接着多达12种不同的肌肉。鸟类、哺乳动物和爬行动物都有这块舌骨的不同版本，但我们的舌骨复杂得多，这样的解剖结构反映了我们创造大量声音的需求。要发出这些声音，需要配合舌骨、喉部及面部肌肉的精细运动，而对我们来说，这十分自然。基于在以色列基巴拉洞发现的标本，科学研究认为尼安德特人也有类似的设计精妙的舌骨。尼安德特人的整体解剖结构与我们不同，虽然不同之处不多，但两者的舌骨功能确有不同。只是，我们无法从这些证据中推测出尼安德特人会不会说话。毕竟，从遗传学、神经科学和解剖学上来看，尼安德特人都与我们相似。目前的研究只能得出这样的结论。

FOXP2 对人类的进化具有重要意义，对科学的进步也是如此。有的基因断裂时会导致特定神经系统出现缺陷，而 *FOXP2* 就属于我们最早确定的一批。它们被筛选出来，正是因为比其他基因对我们的影响更根本和重要。*FOXP2* 常常出现在一些耸人听闻的评论中，被称为"独一无二的语言基因"，有的文章称"正是这个基因扣动了人类现代性的扳机"。我们将在后文讨论语言在人类行为中的作用，但关键的是我们需要了解遗传基因的复杂性，它与解剖结构、行为的关联难以捉摸，我们并不完全了解。我们可以看到，*FOXP2* 必不可少，它在大脑的很多细胞中都很活跃，因此对其他生物功能也有影响。KE 家族的麻烦并不限于语言，受影响的成员对词汇测试也感到困难。在实验中，受试者需要区分真正的英语单词和"假"的单词，如"glev"或"slint"。这表明 *FOXP2* 在心理语言学方面也造成了影响。这再次说明，我们的运动技能和认知技能之间存在着复杂的相互作用。

20 世纪伟大的语言学家诺姆·乔姆斯基撰文提出了一个浪漫的假想：其他生物最多能发出简单的声音和使用身体语言，而有这么一个开关，或者一星火花点燃了人类身上的语言之火。他的假想时间尺度是合理的——几千代人，但这意味着建立在单一触发因素之上的演化是集中的、线性的。

然而进化并不那样发生。现代遗传学表明，人类的流动性比之前想象的要大得多，而且在非洲内外不断融合。各种证据无法支持"人类长期以来线性演化"的观点。此外，言语不是一个单一元素。言语的实际能力（包括其解剖结构和对该结构的神经控制）与言语的神经控制互相关联。人是由相互关联的小齿轮和部件组成的系统。研究言语时，我们必须考虑大脑如何发展，以及基因在这个过程中的作用。神经组织高度专业化，包括数百种不同的细胞类型，每一种类型的功能都由与之相关的基因决定。细胞一旦成为神经组织，就会生长、迁移，并延伸出突触和树突，与相邻或相隔几毫米或几厘米的细胞相连接（对于神经元来说，这是很长的距离）。人出生后，大脑就会经历多年的突触调适，到十几岁时，神经元之间的连接已被削减或加强，使思维和学习更加快捷。这些都受制于基因及其与环境的互动。关键的一点是，在这项疯狂又复杂的建筑工程中，几十个甚至几百个基因都会参与，而一个基因很可能对不同的组织产生多种影响。

言语是一种有声输出，它建立在几十种高度复杂、相互关联的生物现象之上。*FOXP2* 是言语的必要不充分条件。高度结构化的舌骨也是言语的必要不充分条件。有能力对喉部、舌头、下颌和口腔的肌肉纤维进行精细运动控制的神经框架，以及能够形成心理基础使人得以感知、抽象和描述——这两者是言语的绝对必要但不充分条件。当然，说话时我们会干扰空气粒子，使耳鼓振动，并触发同样复杂的听觉过程。没有耳朵或空气，就不会有言语。基因是模板，大脑是框架，环境是画布。我们把每一部分拆开分析只是为了理解大局，但我们不应该假装它们都是同时出现的。

要理解言语的获得，以及人类任何新特征的获得，更好的方法是研究自然选择和遗传漂变，并通过文化和我们的基因之间不断变化的持续互动，观察 *FOXP2* 出现突变所依赖的言语发展框架。我们不知道尼安德特人是否有同样的言语发展框架，但可以合理想象他们有，因为他们在物质文化、形态和自身的 *FOXP2* 版本上与我们有相似之处，而与黑猩猩不同。我怀疑尼安德特人是会说话的，但要查明这个问题需要非常聪明的实验设计，我不太能构想出来，至少目前还不能。

说吧

研究语言起源的难点在于声音无法以化石的形式保留下来。

话语的生物学特性已经够复杂了，但语言的意义远不止"说话的能力"这么简单。复杂的交流对我们所谓的"行为现代性"至关重要。"行为现代性"指的是在对比之前没有出现的我们今天的行为。我们将在后面几页中继续讨论这一点。

人类的生物结构就是为产生语言而设计的。从神经学、遗传学和解剖学来看，我们的身体已做好准备，为语言的可能性亮起了绿灯。我们可以模仿周围人的声音，这就是一种获得语言的潜在能力。有些鸟类也有这样的能力，可以互相学习对方求偶的歌曲。不同地区的鸟儿有自己的方言（有些鲸鱼也是如此），但每种鸟类都有自己独特的歌曲，有经验的人一听鸟鸣，就能识别这是什么鸟。相比之下，目前人类有6000多种不同的语言，它们都在不断演变，其中大部分正走向灭绝。就个人来说，你可能认识并能随意运用数以万计的词汇。我们的大脑就像是专门获取语言的软件，可以向周围的人学习语法，小朋友学说话时不需要指导就能概括出语言的规则。当然这并不全盘适用，做父母的人一定听过孩子犯可爱的语法错误。我四岁的女儿会误把"swimmed"当成"swim"（游泳）的过去分词[1]，因为她的大脑已经学会了这样一条规则：要表示过去的行为，通常在词尾加"-ed"。我们利用自身固有的学习能力就可以将一个语法规则套用到另一个词上，但同时也需要学习例外的情况。没有如此强大的软件，这是无法实现的。

词语的意义也会随着时间的推移而改变。林林总总的词汇源源不断地扩充着我们的词典，拾遗补阙之外，有的也被弃如敝屣。有些易怒的语法老古板总幻想语言应该以某种从一而终的严谨形式退出历史舞台，却没有认识到语言会在使用过程中不断进化，一个词的原始含义不一定与当前的用法相同。语言学家们以高明的方法成功为语言的发展绘制了进化树。这可比进化生物学要难得多，因为语言不会像骨头变成化石那样在时间中留下印记。尽管如此，我们还是构建了语言之间的历史关系，并画出了不同版本的进化语言树。语言树可以提供如下宽泛的信息：某种假想中的原始印欧语生出几个主干，其中一个是欧洲语族，欧洲语言上长出了三个分支：斯拉夫语、日耳曼语和罗曼语；印度－伊朗语族是与欧洲语族并列的另一主干，上面长出了伊朗语、安纳托利

---

[1] Swim 的过去分词是 swum，需要进行不合常规的词形变化。——译注

亚语和数百种其他语言及方言。随着人们在世界各地的迁移，从其他语言中掠夺来的词汇会不断地水平转移，而语言树很难表明这种演变。

在上一段中，我使用了从印地语、盎格鲁－撒克逊语、北欧语、拉丁语和《辛普森一家》中借用、衍生或改编而来的英语词汇[①]。自1066年威廉一世征服英格兰，英语就开始受到外来语大规模入侵。维京人滋扰英国海岸的岁月里，英国人不断吸收古北欧语词汇，罗马人又带来了拉丁语。英语兼收并蓄，包容性极强，代表了英国在遗传与文化上大杂烩一般的历史。遗传学历史迁移图的绘制已越发复杂精确，有时连"我们是谁"和"我们说什么语言"之间的关系都令人惊讶。瓦努阿图的原住民在公元前400年左右被来自大洋洲俾斯麦群岛的人口完全取代，但过渡时期后，瓦努阿图的语言被新的人口保留下来。在这个极端的例子中，语言的文化传播与基因已经完全脱离了关系。

---

① Loot，译为"掠夺"：来自印地语لوٹ，原意为"偷窃"；

　tree，译为"树"：来自古英语trēow；

　gave，译为"生出"：来自古北欧语gefa，原意为"给"；

　noble，译为"高明"：来自拉丁语nobilis，原意为"高产"；

　embiggen，译为"扩充"：生造词，已被收入词典，原意为"扩大"，出自《辛普森一家》第七季（1996年）第16集《反传统斗士莉萨》。

字词之内的象征

　　所有字词及其含义——不论是储存在你大脑中的，还是你未来将要学会的——都不是简单罗列在一个查询表中，等你需要的时候再去查阅。你对字词的理解远胜于此。看见鼻子，你会意识到正在看的是一个鼻子，因为通过经验，你已经知道鼻子长什么样。如果你看到"鼻子"这个词，而不是鼻子这个物体，你仍然知道我在说什么。在此基础上，我还可以加上其他的词来强化这个概念：如果你能想象"巨大无比的红鼻子"，就说明你能把大小、颜色和物体这三个独立的概念联系并融合起来。不仅如此，这个例子是对一个想象中的物体进行象征性描述，这个抽象的物体没有现实基础，但你仍然可以设想出来。足以说明，象征的可塑性真是复杂又巧妙。

　　除拟声词之外，语言学家们通常认为词语的象征意义是任意的。拟声词如"Buzz"（嗡嗡）的声音就是它的意思，而 deux、

zwei、ni、tše pedi、rua、núnpa 和 tsvey[1] 的发音完全不同，但都指大于一而小于三的那个序数。然而，这些词都没有非表示这个意思不可的理由。

在《银河系漫游指南》中，一枚马格拉西亚星球发射的核弹离奇地变成了抹香鲸。他对于自己的诞生感到十分惊讶，于是在坠落时愉快地思考起了文字的起源：

> 哇！嘿！这个飞快朝我移动的东西是什么？好快好快呀！这么大这么圆，表面又平滑，得起个听上去比较宏大的名字，比如……啊—— 大—— 大地！对了！这名字不错，就叫它大地吧！它会和我交朋友吗？

可怜的鲸鱼呀。矛盾的是，当他飞速下坠，试图为身下致命的大地命名时，已经有丰富的词汇了。这个情节似乎表明，"大地"这个词固有的属性与"大地"这个物体的物理特征有关。2016 年的一项研究表明，在许多语言中，某些词语与它们所指的事物之间存在一丝微弱的固有联系。语言学家研究了世界上 62% 的语言中的 100 个基本词。这些词包括代词、基本的运动动词以及表示身体部位和自然现象的名词，如"你们"和"我们"、"游泳"和"走路"、"鼻子"和"血液"、"山"和"云"。这是一项概

---

[1] 分别对应法语、德语、日语、索托语、毛利语、拉科塔苏语和意第绪语中代表"第二"的词语。

率性研究，即研究人员用统计学的方法计算彼此不相关的语言中，高于偶然的发音相似的可能性。比如在英语中，我们用"red"（红色）来描述波长在 620 至 750 纳米之间的电磁波的视觉感知。而其他时间和空间上密切相关的欧洲语言中，表示红色的单词也常常包含一个突出的"r"音：rouge、rosso、røt。在与印欧语系无关的语言中，这个"r"音也有可能是"红色"一词的关键部分，这种概率高于偶然。再如，我们脸部中央有两个突出的孔，主要用于闻气味，这个词在世界各地的语言中很多包含一个鼻音或"n"音。

这并不是说发音相似的词语都有共同的词根，但这可能说明，我们的神经框架使语言得以实现，而这种框架内可能存在一种非常基本的语法，使某些词语倾向于发出某些声音。我们的大脑也许在潜移默化地引导我们发出这些声音，它们与其描述的事物可能有某种相似性。

即使知道了上面这一点，在对比互不相关的语言时，这种影响也难以察觉，要经过深入的数据分析才能发现。字词中的象征意义通常不是固有的。世界各地意为"鼻子"的词语可能有发鼻音的倾向，比如 nez、Nase、hana、nko、ihu、phasú 和 noz，但这些词语并不是鼻子这个事物本身，只是因为说这个语言的人约定俗成，以某个词语来指称这一事物。

因此，任何语言成立的前提都是能以一件事物指称另一件事物。每次说话时，我们可以从知道的几万个词中做出选择，正

确排序，并借鉴习得的句法来表达意思，而不会把它弄成一堆
gallimaufry，这不是很聪明吗？你看，我刚刚故意找了个以前不
知道的生僻单词"gallimaufry"，但即使你不认识它，也能从那句
话的上下文中领会它的意思。

词语是象征意义的单位，用来代表一件事物、一个动作或一
种情感。但鹦鹉学舌时并没有把发出的声音赋予象征意义，只是
在复制声音。我们也会通过象征性的手势进行非语言交流，说它
是象征性的是因为它不一定是在模仿其所代表的行为。有些手势
示意对方做出某种行动，比如招呼别人过来的典型动作，即反复
用手指或整个手表示"从那里到这里来"。而有些显然不是示意对
方如何做，其意义是在文化中商定而成的，比如举起手，手掌对
外伸平——这在许多文化中意味着"停止"或"你好"。"先驱
者 10 号"和"先驱者 11 号"飞船各载有一块镀金铝板，上面刻
着的裸体男子画像就展示了这个动作，这样如果飞船在飞越银河
系时发现外星生命就可以表示友好。我一直认为这有点奇怪，因
为对于有手的外星人来说，这个手势可能意味着"我希望张开手
掌打你的脸"，甚至是"请暴力地让我怀孕，然后消灭我的物种"。
这个手势在很多文化中成了惯例，但手势与意义之间没有固有的
联系，甚至对许多人类来说，它具有完全相反的意思。

在研究黑猩猩和倭黑猩猩的非语言象征性手势时，这种担忧
得到了证实。倭黑猩猩握住同伴的前臂上部可能意味着"爬到我
身上"，而黑猩猩用同一个动作表示"停止你正在做的事情"，特

别是对年轻的黑猩猩。倭黑猩猩在自己前臂上部用力抓挠可能意味着"我们互相梳毛吧",而对黑猩猩来说,这也有可能表示"和我一起走"。倭黑猩猩抬高手臂可能意味着"我要爬到你身上",但黑猩猩抬高手臂更可能在说"把东西给我"。

通常情况下,倭黑猩猩大量的手势与动作都表示"我们交配吧"或希望与对方进行"性器官－性器官摩擦"(见第一部分"爱,无处不在"一节),最明显的一个姿势是张开双腿展示自己的生殖器,好像在说"有兴趣吗?"但愿找到"先锋号"飞船的外星人不像倭黑猩猩那样好色。黑猩猩对性行为并不那么迷恋,但即使有种种差异,黑猩猩属的这两个成员还是有相通之处,比如挥舞树枝或抚摸对方肩膀似乎都意味着"我们交配吧"。通过对倭黑猩猩和黑猩猩的研究,我们看到手势不一定是模仿要求对方做出的动作(尽管展示自己生殖器的含义已经相当明显了),更重要的是,同一手势在两个物种中含义不同。因此,我们可以合理地得出结论:这些手势是象征性的,是习得的。

我们目前的研究还表明,其他哺乳动物也能够学习声音的象征意义。草原犬和长尾黑颚猴有针对不同捕食者的警报声,它们听到后也会采取相应行动。对长尾黑颚猴来说,低沉的吼声表示上方有老鹰,猴子们会抬头观察并躲到树下;发现豹子后,它们会发出呼哈的喘气声,这时猴子会抬头去找能支撑它们体重的最细的树枝,而豹子知道自己太重,会折断树枝;高亢的尖叫声是警告大家有蛇,正确的反应是用双脚站起来,勘察地面。

声音的象征不仅限于灵长类动物。摩擦发音是蟋蟀和其他无数昆虫的发音方式，它们用两个身体部位剧烈摩擦，在夜间发出声音，这是一种求偶信号。许多昆虫不仅仅会说"我在这儿呀，快来找我交配"，还会用不同的音调来标记领地或发出警报。正好我们在说昆虫，顺带一提，蜜蜂著名的八字舞也是一种象征性身体语言，能够无声地表明距离水或者花蜜的远近和方向。

动物之间的交流并不令人惊讶。到目前为止，我们对动物交流的研究表明，非人类动物会明确传递信息，或者通过象征性的手势传递信息，这种能力广泛而普遍。迄今为止，所有有效的证据也表明，至少在词汇意义单位的数量方面，动物的能力与我们大相径庭。我在前文已经说过，人类仅仅观察到了自然界极小的一部分，对还未发现的事物我们应当保持谦逊。自20世纪80年代中期以来，我们就知道大象用次声波发声，用远低于我们听力范围的频率与其他大象交流，这样做的好处是传播距离远，而且不易失真。对于海豚和一些鲸鱼如何将空气振动转化为水下噪音，我们现在有了更多了解：这两种鲸类动物的喉部可能与人类有相似之处。但对于其他类型的鲸鱼，如须鲸科，我们知道的还很少。

在圈养环境中，许多大猩猩在科学家饲养员的指导下学会了一些象征性手势。一些灵长类动物明星，如1980年出生在佐治亚州立大学的倭黑猩猩坎兹，以及1971年出生在旧金山动物园的大猩猩可可（2018年6月去世）已经掌握了某种包含数百种手势的基本语言。它们到底是在简单地死记硬背，还是对手势本身有一定的理解，这是值得商榷的问题。一只狗听到"散步"或"公园"这样的词就会高兴得上蹿下跳，并不是因为它知道"公园"是一块漂亮的绿地，只是因为这个词和"在外面撒欢"反复关联在一起。为了在年幼的孩子面前商量是否允许他们吃冰淇淋，我和妻子曾经用法语单词"glace"代替英语的"ice cream"。然而就像不懂法语的狗一样，孩子们很快就发现，如果我们在公园里说带"glace"的句子，他们往往就能吃到冰淇淋。

这些圈养的猿猴词汇量明显很大，有几百个，和三岁小孩差不多。但与人类比起来，它们缺乏语法意识，也没有生成句子的能力，而三岁的孩子通常可以轻松地生成一个简单的句子：*我真想吃冰淇淋*。而且，这些类人猿没有在交流中表现出语法结构或时态。从根本上来说，儿童和它们可以轻松做到的事情是不同的。基因、大脑、解剖学和环境提供了画布，儿童在上面学习复杂的、抽象的、象征性的、与所指事物没有内在联系的词语，学习句法、语法乃至语言，而且毫不费力。

语言的（至少是有声的）象征并不局限于人类，手势与姿势也是如此。与本书中的其他例子一样，我们必须警惕，不要想当然地认为动物和我们类似的行为有共同的进化起源。我们和其他发声动物的 *FOXP2* 遗传学表明，从鸟类到猴子，到海豚，再到我们，用嘴发出声音的遗传学、神经科学和解剖学机制都有明确的进化先例（昆虫与这些动物不一样，因为它们用四肢和其他身体部位发声）。这些象征符号可以是声音，也可以是手势与姿势，目前看来只有某些物种能够赋予符号以意义。相比起来，人类在其范围和复杂程度上都远远领先于其他物种。

我们需要说话，需要描述，需要抽象化，需要预测和交换有关我们和其他人想法的信息。也许在野外，在远离我们窥视的地方，大猩猩可以通过一种尚未观察到的机制进行复杂的交流。大猩猩的交流已经进化到能适应它们的生活，而不是作为进化和神经学的模板来理解人类如何交流。就目前而言，语言对人类来说是独一无二的。

语言对我们来说独一无二，但可能在尼安德特人的时代，语言对他们也是如此。如果我们有一天找到了丹尼索瓦人的遗体，也许会发现他们也是潜在的语言使用者呢。

字词之外的象征

　　我们能够说话，是因为所有软件和硬件都已就位，而不是有什么开关瞬间将我们与猿类区分开来，变成现在的样子。研究认为，完善的语言能力在 7 万年前就已经存在，因为那是早期人类走出非洲的时代，而且不同的人种都有复杂的语言。如果我们的研究是对的，而且尼安德特人和丹尼索瓦人也有复杂的语言，那么我们就可以考虑以下两种可能性：要么在我们三个人类物种分开进化之前（即 60 多万年前）语言就已经存在了；要么我们和他们都做好了复杂语言的生理准备，但只有我们开始说话。

　　无论语言以何种方式在人类中出现，它都是一种转型。在此期间，无论是偶然还是自然选择，产生语言的所有必要不充分条件都通过种种方式实现了。这是一个漫长的转型过渡，而不是一场疾风骤雨的革命，至于到底耗时多久，我们还没有定论。人类与其他类人猿在六、七百万年前开始分别演化，语言肯定是在那之后才出现的。人类的大脑从大约 240 万年前开始明显变大，并持续增长，所以语言肯定也是在那之后出现。科学认为，脑容量太小的话，就没有足够的脑力娴熟地运用语言和文字。根据摩洛哥和东非的标本，智人于 30 万年前出现，演化到 10 万年前，我们的身体已经和今天基本一样了。

4 万年前，人类产生了艺术。这表明我们对象征的掌握有了巨大的进步。从那时起，地球上各地的人类开始展现出行为上的现代性，科学家们有时也用"包装齐全"这样的表达来代指这种现代性。印度尼西亚苏拉威西岛巨大的南部地峡上有些洞穴，数千年来一直有人类居住。距其中一个洞穴入口约 8 步远的地方有一幅壁画，长约 1.5 米。壁画上有 12 只手的轮廓，准确说来是手掌喷绘，这是用细管吹出土红色颜料，喷在平放于岩壁的手掌上形成的。手印还在，斯人已逝。手掌喷绘附近有一头肥猪的图画，还有一只鹿豚。画作诞生于 35000 年前，最古老的手印已有 39000 年历史。

2018 年 10 月，苏拉威西岛西边婆罗洲的居民发现了由智人创造的最古老的具象艺术。鲁邦·杰里吉·萨利赫岩洞群位置偏远，要找到那里十分不易。岩洞外观峰林耸峙，内里深邃幽暗，岩壁上画有几千幅动物、人类的形象和手掌喷绘，画作创作时间不同，相差几万年。洞穴深处，岩洞顶部变得十分低矮，岩石上画着一头赭红色的本地爪哇野牛。画画的人需要蹲在岩石下，头往后仰，或者干脆躺下来画，就好像米开朗基罗画西斯廷教堂天顶一般。利用爪哇野牛尾部取得的一小块方解石，澳大利亚的科学家以其中铀元素缓慢而稳定的衰变为依据，测定这幅壁画的创作时间最晚为 4 万年前，最早则可推至 5.2 万年前。

大约同一时期，欧洲的人们也在以十分相似的方式进行艺术创作。法国南部到处都是洞穴，里面装饰有从那时起直到近期的画作，展现了惊人的美感和高超的技巧。蒙蒂涅克镇附近的拉斯科可以说是其中最著名的洞穴，这个更新世艺术画廊距今 1.7 万年，展示了 6000 多个图案，内容包括对狩猎的诠释，有马、野牛、猫科动物，还有已经灭绝的巨型麋鹿，以及我们永远无法理解的抽象符号。当时的人类用木炭和赤铁矿石作画，并把它们与动物脂肪和黏土混合作为颜料，涂抹在岩壁上。画作之生动精美令人叹为观止。

拉斯科洞穴以西的肖维岩洞内有欧洲最古老的壁画。画作和拉斯科壁画相似，也是图画凸起于岩壁之上。壁画不但包括狩猎得来的野兽，还有动物猎手，比如穴狮、鬣狗、熊和豹子，神态各异，震撼人心。据 2016 年的最新研究，其中最古老的图案绘于3.7 万年前。

施泰德洞穴的狮子人也是个绝佳的例子。在德国南部的施瓦本地区，纽伦堡和慕尼黑之间有些山洞，这里的某位无名艺术家创作了一件极为重要的艺术品。大约 4 万年前，一个人坐在山洞里，或是附近某地，周围散落着猎物的残骸。那人拿起一根猛犸象的象牙，仔细考虑它的材料、形状和大小是否称心如意。穴狮如今已经灭绝了，但在当时是一种凶猛的捕食者，对人以及人们想要猎取和食用的动物构成很大的威胁。那人想到了穴狮及其威力，也许还想知道人的身体里拥有狮子的力量会是什么样，又也许那人的部落出于恐惧和敬畏而崇拜穴狮。不管是什么原因，这位艺术家拿着猛犸象牙，用燧石刀耐心地将其雕刻成了一个神话般的形象。

这个神奇的野兽雕像由多种动物的身体部分组成，是个四不像。历史的大部分时间里，所有人类文化中都有类似的形象，不但有美人鱼、羊人、人马，还有似人似猴的神猴哈努曼；有日本的蛇女（濡女），还有德国巴伐利亚传说中荒唐滑稽的鹿角翼兔——它的身体是鸭子、松鼠和兔子的混合体，还长着鹿角和吸血鬼般的尖牙。今天，基因工程最终满足了我们四万年来对杂交生物的兴趣，能把一种动物的元素移植到另一种动物中，因此我们有了携带深海水晶水母基因的猫，它们会在黑暗中发光；还有了携带大木林蛛基因的山羊，它们能通过乳腺产生含高度丝蛋白的羊奶。

我们发掘的首件四不像雕刻作品就是施泰德洞穴的狮子人。雕像高约31厘米，狮头人身，是件不寻常的艺术品，同时对我们了解人类进化也十分重要。它展示了艺术家熟练的技巧、精细的动作控制能力，以及在选择适合雕刻的骨头时的远见和计划性。它还表现了当时的人们对自然的理解，以及对动物的敬畏。最重要的是，它表明人们那时已经愿意去想象不存在的事物了。

基于对生殖器的刻画可判断这个雕像是男性，左臂上有七道条纹，几乎像文身一样。它于 1939 年在施泰德洞穴深处被发掘，其所处位置几乎像是个密室或者保险库，里面还有其他物品，比如雕刻过的鹿角、吊坠和珠子。由此我们推断，这些物品很珍贵，可能具有图腾意义。在附近的沃格尔赫德洞穴，人们还发现了猛犸象和野马的雕像，以及雕刻精美的穴狮头像。也许那时穴狮是某种祭祀崇拜仪式的标志性物品，狮子人手臂上的划痕可能对这种神话般的生物有什么重要的意义。不过现在我们也只能猜测了。

　　这两个洞穴西南几十公里处，我们发掘了首例展现出另一种魅力的雕像—— 霍勒·菲尔斯的维纳斯。史前女性身体雕像很多，它们被统称为"维纳斯雕像"。19 世纪 60 年代，第八代维布雷耶侯爵保罗·于罗在法国多尔多涅省发现了第一件这样的雕像，并注意到代表外阴的明显切口，于是将其称为"不雅的维纳斯"，这就是"维纳斯雕像"命名的由来。霍勒·菲尔斯的维纳斯是其中年份最远的一件，可能和狮子人一样有 4 万年左右的历史。这件维纳斯雕像是对人体最古老的描绘。

　　霍勒·菲尔斯的维纳斯同时也是一件抽象作品。它明显是一个人的身体，却严重变形，其特征远远超出了现实范畴。她的乳房巨大，头部极小，有丰腴的腰部，还有膨大的阴唇。其他一些旧石器时代的维纳斯雕像也有这些被强化的性特征，所以人们猜测这些雕像是生育护身符，甚至是生育女神。有些人认为它们可能是情色制品。现实中不乏男性把女性"性化"的艺术作品，但我们无法知道维纳斯雕塑家当时的动机。留存下来的几件维纳斯雕像在形象上有相似性，确实表明它们具有性的元素。然而无论想象它们是生育护身符，还是旧石器时代艺术家的情色幻想，都仅仅是猜测。我们不清楚为什么这些维纳斯雕像的头部通常很小。这可能与透视有关，因为你实际上看不到自己的头，所以从自己的视野来看，它相对较小，而往下看，乳房可能看起来大得不成比例。不过这样还是解释不通，因为艺术家肯定也见过其他人的头和身体，也许这是个有意为之的艺术选择吧。如果在一百万年后，有人发现了英国画家弗朗西斯·培根粗犷扭曲的自画像，或者11世纪以刺绣记载英国黑斯廷斯战役的贝叶挂毯，在脱离了任何语境的情况下，发掘者可能也会对这些艺术家的想法产生疑问。我们永远不会知道旧石器时代的雕塑家们在想什么，但我们知道一件事：他们与我们的思想并无不同。

德国还发现了这一时期的笛子（可能是横笛或竖笛），为带指孔的空心管，以疣鼻天鹅、猛犸象和某种西域兀鹫的骨头雕刻而成。打击类乐器或鼓类乐器很可能出现得更早，因为相比起制作借助指法产生多音调的哨笛，敲击东西发出有节奏的声音不需要那么丰富的认知想象力（我向世界上所有的鼓手道歉）。

学界对于以上日期的精确性还存有争议。对于用什么技术来确定岩石和岩石上艺术品的日期，大家还没有达成共识，而且误差的幅度可达数千年。对于更大范围内的人类进化来说，精确的日期并不重要。人类进化到 4 万年前，已经能以多种艺术形式清楚地描绘形象，我们找到了人类想象力、抽象思维、音乐创造和精细运动技能的确凿证据。有些东西已经改变了。

相似的艺术品在地理上的传播本身十分重要，印度尼西亚离欧洲很远，这一点也很关键。我们在两地的洞穴中发现的艺术作品大约来自同一时期，这意味着两种可能性：要么创作这种作品的技能来自印度尼西亚和欧洲艺术家共同的祖先，这意味着这种创作技能的出现还能再往前推几万年；要么几乎同一时间，印度尼西亚的人类也开始创作，与欧洲没有关系。由于地质记录中的艺术品遗迹太少，更合理的解释是第二种。如果要证明二者有共同的艺术家祖先，我们需要看到更早的艺术品，并在地理上发现从欧洲到印度尼西亚的传播痕迹。

这些艺术品都展现出明显的现代性特征。创作它们的艺术家已"包装齐全"。他们有丰富的文化，对环境表现出敬畏，这说明他们对自己在自然界和部落中的地位有了情感认同。那时的人们思考着性，想象着不可能存在的神奇生物——虽不存在，却以某种方式与人们的生活息息相关。尽管不一定源自同一地点，这种行为在接下来的一两万年里传遍了世界各地。随后几千年，西伯利亚、东北亚、东南亚和澳大利亚都有了更全面"包装"的证据，然而我们不能默认这些人从单一的源头学习新的认知和技能，并代代相传，他们也可能是在各地自行进化的。不管在全球范围内如何出现，第一批艺术家们有了音乐、绘画和更多的时尚物品。

那时的他们就和现在的我们一样了。

我们曾以为反过来说也成立：与他们一样的也只有我们智人，但这个认知在 2018 年被推翻了。西班牙北部的坎塔布里亚海岸有些洞穴，其中一个叫卡斯蒂略。洞穴深处的大方石块就像涂有红色和黑色的画框，四十多厘米见方。一个画框内画着动物后腿的轮廓，可能是牛，但无法确定。另一个画着某个动物的头像，可能是野牛，也可能是马。除此之外，还有线状标志、几何形状和一个类似人物的奇怪图形，后者居然隐隐让人想起毕加索 1955 年所作的堂吉诃德剪影肖像。

2018 年初，研究人员确定了这些画作以及另外两个西班牙洞穴艺术作品的日期。它们似乎全都有 64 000 年以上的历史了。在这个时候，欧洲唯一存在的人类不是我们智人，而是尼安德特人。尼安德特人是今天大多数欧洲人的祖先，这是绝对的事实，通过物种间繁殖，尼安德特人在很小的程度上把基因传给了他们。尼安德特人首先在欧洲出现，几十万年后我们智人的直系祖先才开始从非洲迁徙出来。在我们入侵他们领地的两万年前，那些尼安德特人就开始思考如何狩猎，并在墙上画猎物了。

最早的具象艺术作品不是由我们而是由我们的表亲完成的。我们已经知道尼安德特人拥有文化了，之前我们就讨论了他们发声的潜力。戈咸岩洞坐落在直布罗陀巨岩下，为研究尼安德特人的生活提供了丰富的线索，让我们得以一窥他们的文化、饮食，并发现一处类似艺术品的遗迹。岩洞地板上有一系列的划痕，看起来像是一个大型的井字棋①游戏。这些痕迹非常刻意，其中有道凹痕是约4万年前的人们以50多笔的重复动作刻画出来的。在直布罗陀管理这一惊人遗址的科学家们试图模仿这一创作过程，并已明确这些痕迹不是砍肉或缝皮的副产品。划痕是有人故意雕刻，且没有明显的原因。

我们还可以再往前追溯。尼安德特人最终离开了这个世界，我们智人成了最后的人类。在这之前的几万年，智人中已经出现了一些现代行为的明确例子。据我们所知，尼安德特人从未在非洲出现过。南非的布隆伯斯洞俯瞰印度洋，从7万多年前开始，它就是现代人类生活方式证据的宝库。我们在此发掘了骨质工具，以及关于狩猎、利用水生资源、长途贸易的种种证据，我们还发现了穿孔贝壳、颜料的使用痕迹以及艺术品和装饰，尤其是赭石页岩上雕刻繁复的几何交叉线图案。在附近顶峰点小镇的几个洞穴中，我们还发现了精致的石英岩刀片和红赭色颜料，制作目的的不明。这些物品已有16.5万年的历史。来自爪哇特里尼尔的淡水贻贝化石年代更加久远。贝壳被打磨锋利的边缘附近刻有一道道约2厘米的划痕，可称是贝壳涂鸦。这些贝壳的年代鉴定有些模糊，但雕刻的时间一定在38万到64万年前的某个时候，比其他有意和非功利性的手工艺证据都要早。那时候，爪哇岛上唯一的人类是我们很早以前曾共同进化的表亲直立人。

---

① 一位玩家画圈，另一位画叉，两人在井字形的9个方格内轮流画，谁先把自己的3个圈或叉连成一线即取胜。——译注

早在 4.5 万年前的所谓的"认知革命"之前，人类就有很多现代技能和行为的痕迹了，但那些证据没有形成连续的考古记录，在时间线上只是零星出现，并不是出现后就持续存在。这种物质文化在 4 万年前（可能有几千年的出入）具有了永久性。到那时，尼安德特人已经消失。到了 2 万年前，我们拥有了一切：艺术、珠宝、文身套件，还有各种武器，包括长矛、回旋镖和带刺鱼叉，而且这些发现遍布世界各地。

多希望你能看到我用你的眼睛看到了什么 ①

我们需要聪明的头脑来创造艺术、手工和文化。我们也需要语言，才能向家人和更广泛的社会群体传达这些抽象创造的复杂结构和意义。我们无法得知此类特征出现的顺序，也不应该认为演变是按某种顺序一步步发生的。这些变化缓慢、渐进而微妙，为我们的今天做好了所有准备。

我们可以通过观察孩子来推测人类的语言习得过程。与进化相比，不同之处在于语言所需的框架在孩子身上已经存在了。然而，二者的过程仍然十分相似。你会首先给物体命名：穴狮，然后把行动附加到已命名的物体上：穴狮走过来。接下来，你可以加入更详细有用的属性：两只大穴狮正向我们走过来。在一个社

---

① 题目原文"If Only You Could See What I've Seen with Your Eyes"，引自 1982 年反乌托邦科幻电影《银翼杀手》，人造人罗伊·巴蒂对制造人造眼球的汉尼拔·周发出如题感叹。——译注

会群体中，传达这种类型的信息至关重要，就像长尾黑颚猴发出叫声提醒伙伴们注意鹰一样。你意识到了某种情况、想知道其他人是否也意识到了这种情况时，问句就出现了：*你知道那两只大穴狮正走过来吗？*其他人这时可以提供进一步的有效细节，也许你就不用浪费宝贵的资源：*那两只走过来的穴狮已经吃饱了，因为它们刚刚吃了史蒂夫。*

设身处地地思考是我们认知发展的关键，而语言也必须是其中的一部分，因为我们需要在个人和群体之间传递复杂的信息。婴儿几乎一出生就能立刻识别面孔，尤其是自己的母亲和父亲。眼神接触对人类婴儿来说是自然而然的。我们可以测试他们的眼睛在某物或某人身上停留多长时间，由此推断出他们对什么更感兴趣。婴儿喜欢看睁开的眼睛，只需几个月，他们就能在别人的脸上识别出不同的情绪：喜悦、愤怒、悲伤、恐惧和厌恶。他们也会开始用自己的脸和声音表达情绪状态。一开始婴儿会简单地将疼痛、饥饿、疲惫和恐惧归为一类——"我不舒服"，也许到了成长过程中的某个时刻，他们会体验到人类的全部情绪。我们知道，有的动物可以识别人脸，甚至可能读懂人类的几种情绪状态。例如，许多牧羊人早就知道绵羊善于识别人脸。2017 年的实验表明，我们可以轻松训练绵羊识别特定的面孔，包括美国前总统奥巴马[①]。前文说到，聪明

[①] 这个实验看起来很傻，但对于可怕的神经退行性疾病——比如亨廷顿症——来说，羊是非常好的动物模型。一些这种类型的大脑疾病会导致神经元死亡或丧失特定功能，其中就包括识别人脸的能力。

的新喀鸦学会了分辨危险和友善的面孔，并能记住这些信息多年。养狗人士也一定知道，狗似乎非常善于识别主人的情绪状态。科学测试发现，如果狗知道人类在看着它们，就更会做出许多不同的面部表情。

要知晓别人的情绪状态，就要了解别人心里的欲望和需求，这和读心术没什么两样。只使用非语言线索能得到的信息很有限。非语言线索还将交流限制在当下，但人类并不仅仅会谈论现在。当然，兽类也会思考未来、回忆过去，考虑进食、繁殖，以及后代的生存。鸟类和包括松鼠在内的其他动物也会为未来做打算，它们先把食物藏起来备用，然后还得回忆起藏坚果的地点。许多鲑鱼都能溯流而上，回到出生的确切地点，尽管它们在海洋中度过了大部分时间。

以上这些运用记忆的例子与人类不一样。我们是极端的心灵时间旅人，会思考过去，而且不仅仅是走马观花，或者死记硬背。我现在就在想着史蒂夫，前文例子中四万年前的人类。想象他遇到穴狮时的想法并不难，因为我们今天的思维过程也是如此。对于雕刻狮子人或者丰满的维纳斯雕像的艺术家，我也可以试着想象他们在想什么。我们还可以思考未来。我不仅能思考下一顿饭吃什么，还能为我妈妈七月份的生日做计划，或者想想我的下一本书写点什么。我还乐于思考在自己的葬礼上应该播放什么歌曲，希望来宾们也会喜欢我的选择。

人类的思想可以在时间里向前和向后跳跃，这赋予了我们一种与生俱来的能力，可以识别另一个有意识的人的思想。"意识"这个概念没有一个清晰的定义，对不同的人来说意味着不同的东西，它可以是自我意识、知觉，也可以是体验或感受事物的能力，或者其他。对于"动物是否有意识"这个问题，人们已经做了很多讨论，但这实际上取决于我们如何理解"意识"。显然，动物有知觉并能感受它们的环境。许多动物能认出自己，并能与自己的物种或其他物种产生思想交流。它们有无法用语言表达的内心世界吗？我们是否能够建立人类意识的神经学基础，然后将其与其他动物的意识进行比较？这些问题都悬而未决，需要更多的研究，可能得再写本书才能说清楚。

就目前而言，尽管"意识"的定义不甚明了，我们仍然可以辨别出另一个人是否有意识，而且我们经常认为自己能在动物身上看到同样的东西，不论真实与否。事实上，我们对意识的存在非常敏感，于是会想象它无处不在。人类本能地将面孔视为心灵的代表，所以在小说中，就算有些动物与"意识"的定义毫不沾边，比如昆虫、水熊虫、螃蟹，我们也喜欢赋予它们个性。空想性错视这种心理现象也与此有关，指的是我们会在无生命物体中看到面孔，比如许多人都在烤面包片上看到耶稣像，在火星表面找到人脸的轮廓。人类的大脑知道面孔很重要，所以即使面孔背后没有思想的存在，我们仍然能识别它们。因为与其他意识紧密相连，就连因错觉出现的面孔也能让我们感受到其主体。将主体与某种危险联系起来，并相应地调整自己的行为是非常有用的。

动物可以通过很多方式做到这一点：许多哺乳动物天生就能识别狐狸或土狼等天敌尿液中的化学气味，不愿接近；鸟类则常常被稻草人愚弄。我们比鸟类聪明，但没有兔子的鼻子，所以主要依靠视觉和听觉线索。如果碰巧发现史蒂夫尸体的残块，简单地想"史蒂夫现在看起来不太好呀"对你一点儿帮助都没有，"这像是穴狮干的，快逃！"这样的想法才有用。

可怜的史蒂夫啊。思想与他人高度一致的结果就像识别面孔一样，我们会赋予本无思想的事件以思想。当晚上房子冷却，木头收缩时，地板的吱吱声令人毛骨悚然，这是因为我们的大脑立即想要寻找噪音的能动主体，而不是理性地思考其背后的热力学因素。这可能是解释宗教为何存在的一个重要部分，很有吸引力，但我不愿意太深入地探讨这个问题，因为对这个领域猜测居多，并不是特别科学。我们的头脑倾向于从另一个有意识的头脑而不是无声的自然中寻找主体，无论有无生命。这种强大的力量足以让我们想象出鬼魂的形象，这甚至也可能是神灵的起源。

令人欣慰的是，人类进化的全副"包装"也使我们可以克服这种认知短路，在没有明显主体的事情发生时，能够寻求真正的原因。无论我们如何造神，只要仔细思考，就可以发现其中的疑点。

认识你自己 [①]

在人类现代性完整的认知"包装"中，"了解他人"是一部分，另一部分是"了解自己"，即认识到你是一个具有能动性和自决权的个体。镜子测试已经成为现今伦理学的一个标准测试。镜子里反射出来的图像不是移动的图片，不是某人在模仿你的行为，而实际上是你自己，你能意识到吗？镜子测试的目的是考察生物能否以视觉意识到自我。在某些版本的镜子测试中，研究人员会在参与者不知情的情况下在其额头涂上一点儿颜料，然后看参与者照镜子时是否会试图触摸自己头上的颜料。如果这样做了就表明参与者知道镜中形象上的标记实际在自己的头上。人类小孩大约在两岁的时候就能在实验中用手触摸自己头上的点。如果你为人父母，不妨跟孩子做做这个简单又有趣的实验，孩子 6 个月大

---

① 题目原文"Know Thyself"，是传说中刻在希腊阿波罗神庙的三句箴言之一，另外两句是"妄立誓则祸近"与"凡事勿过度"。——译注

时就可以开始了。

有些动物也通过了这个测试，并获得了许多赞誉。瓶鼻海豚和虎鲸通过了，而海狮没通过。三头大象头上被画上了白色的十字，没有镜子是看不到的，只有一头叫"快乐"的大象发现了自己头上的记号，并反复用鼻子触摸这个地方[1]。在超级聪明的鸟类中，到目前为止，只有一只喜鹊有能力识别出镜中反射的是自己。

我不确定镜子在整个认知进化体系中有多大意义，这个测试确实显示出一种将抽象事物与现实联系起来的思维水平，即认识到"那是我，但实际上也不是我"，但其实难以借此推断出"某动物有自我意识"这样的宏大结论。镜子测试需要运用视觉，而许多生物的感官输入并不主要依靠视觉。狗难道不应该参与嗅觉版本的镜子测试吗？此外，它测试的是一种虚构情景。即使动物的生活经验中完全没有镜子，它们仍然可以看到和探知自己的部分身体。是否因此它们就不如人类有自我意识呢？我不认同这一观点。那些被囚禁的、熟悉人类的大猩猩也许会通过这个测试，但大猩猩整体不会通过，而且，眼神接触通常表明大猩猩要进行极端暴力的攻击，所以也许让它们长时间盯着大猩猩的图像并不能反映它们的认知能力。1980年，心理学家斯金纳高强度训练鸽子，使其通过镜子测试，以此挑战镜子测试的意义。他用食物引诱鸽子，先引导它们扭头去看自己身上的斑点，之后引导它们通过镜子观看。经过几天的训练，鸽子光看镜子就能识别这些斑点了。

---

[1] 作为对照，研究人员在快乐的头上也画了一个无色无味的十字，但她完全没有理会。

只需要一把种子做诱饵，经过训练的鸽子就能通过镜子测试。

我并非说镜子测试无效，而是想强调，自我意识当然是高认知度的一个方面，但除了在镜中观察自己之外还有很多方法。镜子测试是一个相当人类中心的测试，因为"能在镜中看到自己"被假设成为某种心理状态的重要指标。蟾蜍退回到潮湿的洞里后，会花很长时间坐着不动，这种耐力显然对蟾蜍很重要，但我们没有将其视为神经科学的基准。传统上我们常常谈论五感，但实际上感官远不止五种。其中一种重要感官是本体感觉，即在空间中对自己身体的知觉；还有一种感官是内部体感，即对身体内部状态的知觉。如果你想测试自己的内部体感，可以试试（像蟾蜍一样）静坐，不借助外物，只通过身体的感觉来数一数自己的心跳。通过这些，你能感知到自己存在于空间中而独立于外部环境的身体，因此也都是自我意识的关键表达。

自我意识至关重要，你由此认识到自己是独立于其他事物的存在。自我意识是人类意识体验的一部分，也是有些动物存在体验的一部分。

我无怨无悔 ①

在人类的意识体验中，我们会经历不同的心理生理状态，或忍受，或享受，这是生而为人的标志之一，人们称其为"感觉"。我们会不自觉地认为动物也有不同的情绪。宠物们好像有时很开心，有时无精打采，有时又很痛苦。我们家的猫莫克西就像个可怕的人：阴沉、冷漠、刻薄，不想跟我有任何接触，我其实只是个被它嘲弄的铲屎官而已。我家还有一只猫，叫罗什金，这位呢更像只狗，热情无限，总是快快乐乐，充满爱意，看上去甚至有点疯癫。描述两只猫时，我用了大段拟人化的语言。其实我不知道它们在想什么，不知道它们的内心体验，也不知道它们的情绪状态。我们不可能知道另一种动物的体验，不管是猫、蝙蝠还是人类。我们常常错误地假设他者的体验和自己的一样，并且认为

---

① 题目原文为法语"Je Ne Regrette Rien"，法国歌曲，由伊迪丝·琵雅芙于 1960 年演唱而广为人知。——译注

他者表达情绪的方式与自己一样。

19 世纪，达尔文对此非常感兴趣，并在 1871 年将他的想法扩展为一本著作①。从那时起，多年来动物行为学家一直在试图理解并合理化动物的情绪。有一种研究策略是将基本情绪与更复杂的情绪分开来看。快乐、悲伤、厌恶和恐惧都是直接的、本能的情绪，而嫉妒、蔑视和后悔则是更复杂的、需要认知处理的情绪。许多灵长类动物和一些大象都会表现哀悼，例子有令人心碎的守灵的大猩猩，还有德国明斯特动物园 11 岁的大猩猩加纳。加纳在 2008 年不幸丧子，但不愿舍弃孩子的尸体，一直抱在怀里。她怀抱孩子的照片登报后感动了众多读者。

动物们拥有复杂的情绪状态，你需要一颗过分严谨冷酷的科研心，才能拒绝承认这些轶事。但即便有以上证据，这方面的研究仍然受阻，因为我们根本无法询问动物有什么感受，也无法让它们主动向我们描述复杂情绪。然而，我们正处于神经科学技术高速发展的时代，可以想办法更好地解读大脑的信息，从而对动物的内在情绪状态做出更科学的推断。通过新技术，我们渐渐能够发现动物的体验是否与人类一样。这是全新的领域，其中有个例子非常值得探讨。

法国歌手伊迪丝·琵雅芙倒是"无怨无悔"了，但我们大多数人都有"追悔莫及"的经历。事情结束后发现并不理想，于是对之前的决定感到失望，这就是后悔，一种特殊而复杂的情绪。

---

① 即《人类原始及类择》。——译注

许多人对后悔不屑一顾，比如琵雅芙在歌中表达的一样，顽固地认为过去的行为已然过去，再追究也是徒劳。在莎士比亚的戏剧《麦克白》中，麦克白夫人也提到了一个法国谚语[①]，她说："没有任何补救措施的事情应该不考虑；木已成舟，覆水难收。"

这种决心令人钦佩，但麦克白夫妇的人生仍以悲剧结尾。还有人建议，人应该只对自己没有做过的事情后悔，而不是已经做过的事情。这话听起来高大上，但并不实际，不过是花言巧语的鸡汤。我更赞同 60 年代好莱坞影星凯瑟琳·赫本的观点："我有很多遗憾，我相信每个人都有。你会后悔做过的那些蠢事……如果你理智尚存却不后悔，也许你才是个蠢人。"

后悔显然是一种负面情绪：对事情本可以发生的方式——如果在过去做出不同的行为——感到遗憾，或者对某个失败或错误的决定感到悲伤或焦虑。后悔中自然包含着一种道德观念，即本可以、本应该做出不同的行为。"当时似乎是个好主意"——我很喜欢这句话，它抓住了后悔的本质。我们既可以为短期和琐碎的事情感到后悔，比如"回家之前最后再喝一杯"，也可以为永久性的、会带来严重后果的事情后悔。

要感受到后悔，需要丰富而复杂的意识思维。你需要做两个方向上的心灵时间旅行。第一，对过去的感知：认识到当时有多种选择，并有能力设想另一版本的选择会产生何种结果。第二，

---

① 这句源自 14 世纪的法国谚语，原文为 "Mez quant ja est la chose fecte, ne peut pas bien estre desfecte"，意为"一件事已经完成，就不能被撤销"。

对未来的想象力。归根结底，后悔的作用不是让我们在过去的错误中沉溺，而是从错误中学习，并表达自己的决心："下一次，我会换一种方式，结果会更好或者至少没那么糟。"我们一直都在做这样的事。后悔这种情感的存在依赖于许多非常人性化的品质，但事实证明，老鼠也会表达后悔。

同样，我们必须保持谨慎，即使有些动物的行为看起来很熟悉，也不要误以为和人类的行为相同。如前所述，动物的暴力和胁迫性行为不是强奸，只是在某些情况下，至少在某些海豚和海獭身上，这种与人类的相似性相当惊人。我们现在还无法得知动物的感觉和想法，所以必须严格审查，并且不能假设在类似情况下它们和我们的感觉一样，特别是我们经历的情况很复杂时。不过，精心设计的实验肯定会帮助我们了解真相。

"美食街"就是这样一个精心设计的实验。美国明尼苏达大学的心理学家亚当·斯坦纳和大卫·雷迪什设计了一个供老鼠们享用大餐的美食广场，在四个角落各有不同的用餐区。它有点像我们熟悉的那种购物中心的美食广场，多家餐厅各自提供不同风格的食物。美食街的老鼠可以选择四种口味的食物：香蕉、巧克力、樱桃和原味。每种口味的食物只有在随机时长的等待后才会提供给老鼠。老鼠和我们一样，真的很不喜欢等餐。等待的时间还伴有提示音，音调从高到低，以提示需要等待的时间—— 初始音调越高，等待时间越长。老鼠进入美食街，经过训练，已经能够识别提示音，知道其与等待时长的关系，以及随后奖励的食物口味。

在实验中，我们已知每只老鼠都对其中一种口味有天然的偏好，而不喜欢另外三种。实验机制会提示老鼠要吃到最喜欢的口味需要等待多长时间，但会给它们更换口味的机会。假设有一只爱吃樱桃味食物的老鼠，它知道要等 20 秒才能吃到喜欢的味道。但 20 秒太漫长，老鼠在 15 秒后就放弃了。它本希望减少时间上的损失，并在这期间得到香蕉味的食物，但是等待香蕉味还需要 12 秒，这意味着它总共等了 27 秒，最后得到了自己并不喜欢的食物。这只老鼠没有耐心，结果赌输了。这就像你在商场里饿了，非常想吃寿司。但寿司需要时间准备，门口的队伍很长。你没了耐心，为了减少损失而改吃排队时间比较短的披萨。结果刚加入等披萨的队列中，你就看到一大批寿司刚刚做好，一抢而光。你本来也没那么喜欢披萨，马上就为自己的决定感到后悔了。

老鼠们也为自己的决定而后悔。我们怎么知道的呢？它们这时候会看向自己喜欢但没有得到的口味。如果说它们"眼巴巴地看"，那就是拟人化的假设了，但它们确实会转过头盯着看。有时候它们等待的时间很短就吃到了不太喜欢的食物—— 你本想吃寿司，但披萨出餐更快，所以你还是吃了披萨。这时候你可能会感到失望而不是后悔。老鼠们仅仅体验到失望的情绪时，并没有转过头来观望。

更重要的是，下次老鼠们面临同样的抉择时会选择继续等待。它们已经认识到，之前因为没有耐心而受到了惩罚，这次就不会再那么轻率了。

这也许像是简单粗暴地用"后悔"这种复杂的人类情绪解释老鼠特有的行为，但斯坦纳和雷迪什还深入研究了他们的食客在经历这些情景时大脑的情况。眶额皮层是我们大脑中的一个区域，在经历后悔时，那里的神经元会呈兴奋状态。科学家曾设计实验，悄悄操纵赌博的结果。参与实验的人类志愿者输掉赌注后，会被告知如果做出不同的选择能赢得什么。如此一来，这个实验能诱发参与者的后悔情绪。大脑这部分受到损害的人不会有这种体验，而且在做出错误决定后对消极后果不会表示后悔。老鼠当然无法报告它的感受，但是"美食街"的老鼠在选择口味时，科学家会观察它们的眶额皮层区域是否呈兴奋状态。当老鼠想到每一种口味，包括自己的最爱，特定的细胞就会开始活跃。当它们放弃了自己最喜欢的口味，等待了很长时间，又回过头来凝视错过的美食时，同样的细胞也会开始活跃。这就是说，喜欢樱桃味的老鼠在做出错误的决定得到香蕉时，仍然在想着樱桃。

上面的实验听起来有点可爱，但了解复杂的人类情绪与老鼠神经的相关性也许有助于临床医疗。一些精神疾病患者没有遗憾或悔恨的情绪，或缺失伴随这种情绪的感觉，如焦虑，那么在未来可能就无法做出不同或者更好的决定。只有了解受损或串线的电路，才能着手修复。

人和老鼠是有远亲关系的哺乳动物，当表达后悔时，相似的大脑区域会产生兴奋，这可能表明，用来感受这种情绪的机制古已有之。老鼠和人类的进化之路已经分开了数千万年，而这一结果并不意味着与人类更有亲缘关系的物种也会以类似的方式表达后悔。要知道答案，我们需要以类似的方式对其他动物进行测试。就目前的研究来看，如果后悔会导致未来面对同样的情况时行为发生改变，那么我们至少可以肯定，这些参与实验的老鼠是有后悔情绪的。

授人以渔

从前文的叙述中我们已经看到，10万年前的女人或男人与今天的你我在身体构造上没有什么区别。我们也几乎可以肯定，语言的历史要比人类"全套包装"的出现还要久远。我们的大脑与人类最初产生艺术作品时没有明显的不同，事实上，不用说与智人祖先相比，就连与表亲尼安德特人中的艺术家相比，也似乎没有根本的不同。人类的现代性特征曾历经几万年的漫长时间陆续出现，才最终得以"包装齐全"。我们已经发现了4万年前就散落在欧洲和印度尼西亚的证据。在欧洲出现人类现代性之后的几千年间，非洲和澳大利亚也找到了相似的例子。这些证据说明，现代性特征的出现不太可能源于遗传基础，因为那时的人类分布在世界各地，没有互动，也没有基因流动。假设所有迁移到世界各地的人类都源自非洲，并且有相似的基因，那么互不相干的人类分别出现相同的 DNA 突变，进化出复杂的思维是不可能的。如果世界各地旧石器时代的人已经在生物学上彼此相似，那么问题如下：我们在身体构造上早已准备好，为什么要花上几千年之久，才能成为真正的现代人类？

要解答这个问题，我们对许多问题还需要更深入的了解，比如"心智理论""意识的本质"这些刚刚开花结果的研究领域。这些问题已经在精彩的哲学思辨里激荡了几十年甚至几个世纪，现在我们终于可以用 21 世纪更精确的科学工具进行研究。随着这些领域与神经科学越来越深入的结合，我们对它们的理解也在逐步加深。

有一个观点在过去几年中不断出现，但尚未被广泛讨论。我认为它至关重要，也希望它很快能引起学界的重视。这个观点认为，人口规模和结构发生了变化，随着这些变化，人类出现了现代性。也就是说，人类社会的组织形式使得人类现代性特征终于"包装齐全"了。

支持该理论的第一条线索是，在现代性刚开始出现时，人类在各地的人口数量都似乎在增长。我们在 4 万年前的非洲和 2 万年前的澳大利亚看到了这样的现象。当然，人口增加可能是因为随着气候的变化，当地环境更宜居，生活变得更容易了。它也可能是人类大迁徙的表现。在离开非洲后的两万年内，我们就在澳大利亚定居了。除了人类，没有任何生物在如此短的时间内进行过永久性的迁移。

我们也看到了相反的情况：如果一个社会的人口不增长、不迁移，或与更大的群体相隔绝，就会丧失文化的复杂性。由于最后一个冰河时期结束后气温升高、海水上升，大约1万年前，塔斯马尼亚形成了一个岛屿，与澳大利亚大陆分开，中间隔着欧洲人命名的巴斯海峡。在这种与世隔绝的情况下，塔斯马尼亚原住民勉力维持的工具组仅包含24种工具。在之后新石器时代的数千年里，这些岛民渐渐失去了制造其他几十种工具的技能。而在同一时期，澳大利亚大陆上的原住民开发了120多种新工具，包括多齿骨质鱼叉。

塔斯马尼亚的考古记录显示，精细的骨质工具逐渐消失，制作防寒服的能力丧失，最关键的也许是捕鱼技术的退化。考古证据中，不见捕捉软骨鱼的钩子和长矛的踪影，鱼骨也没有了（不过岛上的原住民还是继续觅食甲壳类动物和无柄软体动物）。17世纪，欧洲殖民者到达塔斯马尼亚岛并捕食大鱼，原住民对此既惊讶又厌恶。然而在5000年前，这些原住民的祖先同样乐于捕食大鱼，这曾是其饮食和文化中不可或缺的部分。

对人类现代性"包装"感兴趣的科学家们开发了一些模型，试图了解人口规模和结构如何影响技能的文化传播[1]，目的是观察标志性的现代行为如何及为何出现又消失，并最终在考古记录中留下痕迹。这些模型其实就是立竿见影的方程式，可以模拟一种思想或技能如何在社群中流传。科学家们假设人口的规模和密度，

---

[1] 这方面的领头人有伦敦大学学院的马克·托马斯及其同事，还有哈佛大学的约瑟夫·亨里希斯等。

并输入想象中的某种专业技能（比如制作石质箭头或者吹笛子），然后进行模拟运算，就能看到这种技能如何在人与人之间传递。建造这类数学模型需要相当复杂的技术，但它们解答的问题无非就是：有些人拥有一种非常特殊的技能，可以传授给其他人。那么，人口规模会如何影响教学效率？

答案似乎是：人口规模会极大地影响教学效率。社群人口越多，复杂的文化技能就越能高效传播，且速率远高于人口较少的社群。技能水平的维持在很大程度上也取决于人口规模（会受移民影响）。根据这些模型，人口较少，特别是孤立的社群，会因为低效率的传播而失去技能。当人口增长时，社群更容易积累文化。只有人类会传播和积累文化。在其他动物中也有文化传播的散例，但只有人类一直在这样做。

我们如何成为现代人类与人口学之间没有明显的联系，这可能是这个因素相对被忽视的原因。但如果看看人类的特质，人口学就很有意义了。我们是社会性动物，依赖与他人的互动来获得自身的幸福。我们是文化传播者，彼此传递了大量的知识，而这些知识并没有在我们的 DNA 中编码进行遗传。我们传播文化的方式不仅仅是纵向的，而且是横向的，这意味着我们传递知识的对象不仅有我们的孩子，还有我们的同龄人，可能还包括没有遗传亲属关系的对象。我们有娴熟的技能和高超的创造力，但这种专业技能知识不在人口中平均分配，而由一些人掌握。需要知道如何做某事时，我们就会询问这些专家。

人口学并未如我所愿受到更多关注，还有另一个原因。达尔文最伟大的思想"自然选择"蕴含着一个绝对基本的问题，而在进化生物学的初级阶段，科学家们多年来也一直就这个问题激烈讨论：自然到底在选择什么？

这个问题有过许多可能的答案，范围从基因到个人，到家庭，到更大的群体，再到物种，从小到大，无所不包。20世纪中期，我们用明确的证据回答了这个问题：自然选择的就是基因。基因会编码表型（即一段DNA的物理性状），而群体中这些表型的差异对自然界来说是可见的，更有效的性状会留存下来，这就是自然选择的一种手段。编码该表型的基因是遗传的单位，会代代相传。人类断奶后仍允许人体消化羊奶的基因被选中，不允许消化这种营养饮品的基因则没有被自然选择。个人只是基因的携带者，正是基因存续的需求促成了生育的必要性。

20世纪生物学的巨头比尔·汉密尔顿、乔治·盖洛德·辛普森、鲍勃·特里弗斯等人建立并发展了这种以基因为中心的进化观。理查德·道金斯所著的伟大科普读物《自私的基因》使这一观念广为人知。这是正确的、教科书一般的观点。然而，文化传播的是适应性极强的事物，对人类的生存发展有很大益处。前文所述的新研究模型表明，自然对文化传播的选择同样存在，不过其选择不是基于基因，而是人口多少。群体选择确实是错误的，因为数据不支持这样的观点。和我一样的生物学家们都受到了正确的引导，远离群体选择观。的确，形成卵子和精子的精密机制为群体中的遗传差异打下了基础，然而在某些方面，文化传播既不受制于这种机制，又没有在 DNA 中编码，因此仍然符合达尔文进化论的"自然选择"。

把这两个因素放在一起，显然能够得出：一个社会的人口结构对于在群体中高效传播信息和技能至关重要。任何人类群体都要依靠内在的组织关系才能有效运转。从这些研究模型来看，人类进化出现代性（即成为今天的人类的全部"包装"）是基于我们能够积累和在社群内传播文化，并且这个社群能够使其成员整体成功存续。

科学家们目前正在积极探索这个领域。我认为这是正确的研究模式，虽然还有更多的工作要做，无论如何，它是有价值的。为了揭秘人类的过去，我们开始抽丝剥茧寻找线索。研究人员已经对人类祖先的一小部分基因进行了采样。在科学领域，从来都没有十全十美的答案。我们不停塑造和修正各种想法，如果数据不支持某观点，就抛弃它，如果数据支持某观点，就去建立它。人口学是人类现代性演化过程中的重要支点，这便是一个还很年轻的想法。

其实，令人诧异的是，达尔文在一个半世纪前也有类似的想法。他在《人类原始及类择》中写道：

> 随着人类文明的进步，小部落会联合成更大的社群。大
> 家都很容易明白这个浅显的道理——就算不认识社群中的所

有人，我们也应该把社交本能和同情心推及同一族群的所有成员。一旦做到这一点，把同情心推及所有国家和种族，就只剩最后一道人为的障碍了。

万物灵长

我在离家不远的意大利咖啡馆里写下这本书的许多文字。现在是星期五傍晚，咖啡馆里很热闹。我在这样的氛围中有些格格不入，独自坐着喝第四杯咖啡，桌上一堆书。我突然觉得，餐馆是观察人类进化全套"包装"的绝佳场所。咖啡馆附近有所学校，老师和学生会来这里消费。这里的环境设施对于带孩子的家庭也很便利，一位长者在逗小宝宝开心，一幅合家欢乐的画面，但两人也可能并没有亲属关系。人们使用锻造的金属叉，把用火烤熟的养殖肉食品分成小份，送进构造极为复杂的口腔。一对正在约会的情侣很可能今晚还有别的乐子。经理监督厨房里的厨师，厨师与服务员互动，服务员与顾客互动。每个人都在说话。

下次你去咖啡馆的时候，花点时间观察一下真正发生在你周遭的事情吧！每一次人与人的互动都是信息的交换。人——这种特殊的猿类，经历其独有的生物和文化进化，构成上文那样极富活力的场景。我们经由自行选择，有了多种多样的性偏好和性活动，但在其他动物中也能找到相似的行为。我们已经将性与繁殖分开，二者界限清晰，很少被突破。我们的技术已经高度发达，与魔法不相上下。

人类的大脑已经进化完备，并为这些能力和行为提供了支持。即使人类和其他动物的有些能力和行为看起来一样，仍有量（程度）或质（种类）上的区别。人类的思想已经超越了大脑的物理界限，这一点至少在隐喻意义上是成立的，因为人类是一种可以跨越时间和空间传播思想的社会生物，很少有动物能做到如此高效。我们最与众不同的地方是文化的积累和传播。许多动物都会学习技能，但只有人类会传授技能。

除人类之外，少数物种中也有文化传播的例子：在澳大利亚一群技术娴熟的海豚中，雌性海豚间会传播使用工具的技巧；新喀鸦之间可能会传播"谁危险，谁安全"这样的知识。这些例子少之又少，将来我们慢慢一定会发现更多。但在人类之间，文化传播已经持续了数百万年。由于我的工作性质，我每年都会对成千上万的人演讲，把我所学到的东西告诉他们。我和这些人几乎没有任何亲属关系。人类积累知识，传递知识。这就是这本书在做的事情，也是所有书籍的使命。

告诉你一个秘密：这本书里所涉及的研究，我本人都没有亲自参与。我从没去过印度尼西亚看岩壁上我们祖先的手印。我从没坐在塞内加尔的大草原上看巡视野火的黑猩猩。我从没去过澳大利亚的鲨鱼湾看嘴上包着海绵的海豚。你们中有些人也许已经去过了，我希望有一天我也能去。科学家们去过，这样做是为了满足好奇心，而我们也借此满足了我们的好奇心。科学家们把研究写下来，再运用一万年来积累的知识检查研究结果是否正确。与其他人分享这些想法，也是为了检查研究结果，这样人类就能学到一些以前不知道的知识。我阅读了科学家们的研究文献（这本书提到的所有科研论文），利用自己传授以及学习知识的经验来消化提炼这些想法，并试图将它们重新整合成新的东西，以一种完整的叙述方式呈现出来。书稿写完后，编辑们和几位科学家以其专业技能和经验提出疑问，并把我的文字和想法修整成形，使之更容易被他人理解。设计师和排版师把所有内容编排到一起。我们共同努力，制作了你手中的这个物件，没有其他原因，只是为了分享一些想法。

个人的每段成长历程都建立在数千年的知识积累之上，建立在数十亿年的进化之上。我们的文化就是生物进化的一部分，试图把它们分开是错误的想法。正因为我们的思想适应环境，有利于人类的存续，它才如此进化。而为思考提供支持的生物体也必须进化，只有在这样的背景下，自然对人类认知能力和思想的选择才那么重要。我们的基因突变导致了人类生理上的变化，为言语的出现设定了模板，并提供了处理能力，使言语发展成了复杂的交流。在交流中预见他人想法的必要性有助于提升思维，这样一来，我们的祖先拥有了与今天的你我类似的头脑。这一切都不是一瞬间发生的，没有什么开关，没有什么单一的事件引发了整个发展的连锁反应。我们的思想就这样进化了，正如我们所知，进化的进程缓慢、混乱、错综复杂。正是这股力量形成了一条波动往复、新特征陆续出现的进化线条，允许我们穿越时空、理解他人的头脑，完善了我们的语言，给予了我们灵巧的手指，也让我们能够玩转时尚，享受性爱的乐趣。

任何活的有机体都是一个综合系统。两条染色体的融合看似山崩地裂一般艰难，最终竟然建立了人类基因组的框架。尽管如此，我们成为智人并不是由于某个单一的基因变化。举汽车这样的机器为例：汽车之所以是汽车，并不是因为增加了变速箱、方向盘或任何其他任一部件。所有的部件都是它成为一辆汽车的原因，有些是必要的有些不是，但都不是决定性因素。就算在事故中失去手脚，甚至体内多了一个染色体，你仍然是一个"人"。人类的基因数量与一辆普通汽车的零件数量大致相同，但我们比机动车复杂得多，我们越发懂得基因能做很多事。尽管 FOXP2 必不可少，人类仍没有所谓的语言基因。我们也没有创造力基因、想象力基因、掷长矛基因、灵巧基因、意识基因，甚至文化传播基因。非智人变为智人，不是因为某个基因的突变，并没有一个瞬间的分野。我们的基因组对我们来说独一无二，并提供了进化的框架，在此基础上才可能出现"人"的特性。

在基督教文化中，有个概念叫"人的堕落"，指人类因为摆脱了创造的桎梏而变得污秽不堪。我不太喜欢这个故事。如果真有这回事，我们应该是慢慢地、渐进地上升，离开自然界不假思虑的残暴。上帝知道人类之中有多少恶，经历40亿年的冷漠进化，我们继承了许多原始冲动，但大多情况下拒绝服从，总体来说仍然宛如哈姆雷特口中的天使。我们几乎没有谋杀，几乎没有强奸，总是在创造，在传授经验，而且几乎以同样的速度学习着。

随着科学发现越来越多，关于"我们如何成为我们"只会变得更加复杂。说不定很快我们就会发现，过去30万年内有更多曾与我们共同生活的当代人类物种，也许我们还会发现，在那段时间内有的人类物种曾与我们共同繁殖。我们应该为这种复杂性而陶醉，并为只有我们能够理解它而自豪。

进化是盲目的，"进化"中的"进步"是错误的说法，自然选择根据不断变化的现状进行修正和淘汰。和所有生物一样，人类为生存而挣扎，但我们也试图减轻他人挣扎的痛苦。

> 在我看来，我们必须承认，人类具有许多高贵的品质，对最低俗之人抱有同情心，对他人，直至最卑微的生物仍怀仁爱之心，而且我们利用天神一般的智力，已经开始解密太阳系的运动和构成。

查尔斯·罗伯特·达尔文在1871年写下了上面这段话。无论如何，他是我心中的英雄，对于有史以来最重要的一些议题，达

213

尔文的观点非常正确，但像所有科学家一样，他在其他方面也发表了错误的观点。达尔文正确地阐明了人类的进化之路，但同时在女性的进化方面错得离谱，认为女性在智力上不如男性。至少，达尔文为我们留下了无可比拟的思想遗产，而我们现在知道，其中一部分观点并不正确。

接下来，达尔文在其著作《人类原始及类择》的结尾写道：

> 尽管拥有这些崇高的力量——人的身体仍然带有其卑微出身不可磨灭的印记。

与离我们最近的表亲、祖先、甚至没有太多血缘关系的远亲相比，我们的基因和身体没有根本的不同。至于我们的起源低贱与否，仁者见仁。人类是进化的产物，就像每个生物一样，是由我们无法控制的力量锻造、雕塑和刻画出来的。伴随着这些力量，我们接手进化的工作，通过传授与学习技能，创造了自己，共同成了一种"整体大于部分之和"的动物。

记得之前我请大家想象一位外星科学家来到地球研究我们。在卡尔·萨根的科幻小说《超时空接触》中，真有一个外星智能体在仔细观察人类——而且已经观察我们几千年了。在故事中，我们按照外星人的指示派出了一名科学家，外星人见到她时说："你们真是个有趣的物种，有趣的组合。你们能编织美梦，也能陷入梦魇。你们感到迷失、隔绝、孤独，但你们不该有如此感受。

你看，在所有的搜索中，我们发现唯一可以把空虚变得可以忍受的东西，就是彼此。"

地球上的生命绵延不断，缤纷美丽。为了理解这个历经数个世纪、生机勃发的星球，我们把这条连续的线进行人为分类。你就在这条轨迹上的某个地方，试图厘清自己在这一切纷繁生命中的位置，这令你独一无二。这本书的扉页上没有献词。谨以此书，献给你。

在下面签上你的名字，然后从自己往前，推想推想。

你是 _____

你是一个智人

你是一名人科成员

你是一种类人猿

你是一种灵长动物

你是一种哺乳动物

你是一种脊椎动物

你是一种动物

我们是万物灵长。

图书在版编目（ＣＩＰ）数据

万物灵长 ／ （英）亚当·卢瑟福著 ； 吴琰玺译. ——
海口：南海出版公司，2023.6
ISBN 978-7-5735-0524-8

Ⅰ. ①万… Ⅱ. ①亚… ②吴… Ⅲ. ①物种进化－普
及读物 Ⅳ. ①Q111-49

中国国家版本馆CIP数据核字（2023）第057662号

著作权合同登记号　图字：30-2023-020

THE BOOK OF HUMANS: THE STORY OF HOW WE
BECAME US
by Adam Rutherford
Copyright © Adam Rutherford 2018
First published by Weidenfeld & Nicolson, a division of the Orion Publishing Group, London
This edition arranged with THE ORION PUBLISHING GROUP
through Big Apple Agency, In.,Labuan, Malaysia.
Simplified Chinese edition copyright ©Thinkingdom Media Group Ltd, 2023
All rights reserved.

万物灵长
〔英〕亚当·卢瑟福 著
吴琰玺 译

出　　版　南海出版公司　　（0898）66568511
　　　　　　海口市海秀中路51号星华大厦五楼　　邮编 570206
发　　行　新经典发行有限公司
　　　　　　电话(010)68423599　　邮箱 editor@readinglife.com
经　　销　新华书店

责任编辑　侯明明
特邀编辑　尹子粤　徐晏雯
营销编辑　金子茗　张丁文
装帧设计　李照祥
内文制作　王春雪

印　　刷　山东韵杰文化科技有限公司
开　　本　850毫米×1168毫米　1/32
印　　张　7
字　　数　138千
版　　次　2023年6月第1版
印　　次　2023年6月第1次印刷
书　　号　ISBN 978-7-5735-0524-8
定　　价　49.00元